高等院校服装专业“十二五”规划教材

董庆文
宋瑞霞 编著

服饰图案的设计与表现

Dress Patterns' Design and Illustrate

U0242309

中国轻工业出版社

图书在版编目（CIP）数据

服饰图案的设计与表现 / 董庆文，宋瑞霞编著. —北京：中国轻工业出版社，2019.5

高等院校服装专业“十二五”规划教材

ISBN 978-7-5019-9655-1

Ⅰ.①服… Ⅱ.①董… ②宋… Ⅲ.①服饰图案－图案设计－高等学校－教材 Ⅳ.①TS941.2

中国版本图书馆CIP数据核字（2014）第033129号

作者简介

董庆文，副教授，汉族，1966年生于河北省石家庄市。1987年~1992年就读于鲁迅美术学院工艺系染织专业，毕业后于鲁迅美术学院染服系任教至今。1998年结业于美国罗伯·俄尔多教授当代水彩画研习班。2002年考入本院染织专业研究生进修班。2011年在第二届国际水彩高研班学习进修。现为辽宁省民进会员，中国纤维艺术协会会员，辽宁美术家协会会员，中国美术家协会会员。有多幅作品参加国家、省级展览并获奖和被收藏，有多篇论文发表在各类重点美术刊物上，著有个人专著两部。

宋瑞霞，汉族，1964年出生于河北唐山。1982年毕业于河北省工艺美术学校装潢专业，1985年考入鲁迅美术学院中国画系获学士学位。1990年毕业后一直从事美术教育工作，现任沈阳师范大学美术与设计学院副教授，中国美术家协会辽宁分会会员，有多幅作品参加国家级省级美展并获奖，有多幅作品被收藏，多篇论文发表在各类重点美术刊物上。

责任编辑：李　红　秦　功

策划编辑：杨晓洁　　责任终审：劳国强　　封面设计：锋尚设计

版式设计：锋尚设计　　责任校对：吴大鹏　　责任监印：张　可

出版发行：中国轻工业出版社（北京东长安街6号，邮编：100740）

印　　刷：北京富诚彩色印刷有限公司

经　　销：各地新华书店

版　　次：2019年5月第1版第2次印刷

开　　本：889×1194　1/16　印张：9

字　　数：230千字

书　　号：ISBN 978-7-5019-9655-1　定价：48.00元

邮购电话：010-65241695

发行电话：010-85119835　传真：85113293

网　　址：http://www.chlip.com.cn

Email：club@chlip.com.cn

如发现图书残缺请与我社邮购联系调换

190392J1C102ZBW

前言

PREFACE

近年来服饰设计者用图案纹样增强其艺术性、时尚性和高附加值的现象，已经成为不争的事实。图案成为服装设计中继款式、色彩、材料之后的第四要素。在各类图案中，服饰图案可以说是与人类关系最密切、最直接的一种。人的复杂性和需求的多样性，使得服饰图案呈现出丰富多彩的面貌。服饰图案训练的步骤有服饰图案黑白部分与色彩部分的先后次序，它根据设计目标的表现要求，往往呈现出来的是一种复杂的、多层次、演绎的、综合的构成关系，绝不是几个单独图案，连续纹样的简单相加。

学习服饰图案的设计，尤其是服装设计系的学生必须从两个方面入手：一方面要学习图案自身的各种表现方式，如组织结构、形式美法则等基础知识；另一方面要尽可能地全面深入了解古今中外各个地域，风格，材质的图案面貌及其背后的文化内涵。作为一名服装设计师，他的优势不在于能把一幅图案画得多么完美，而是学会如何提高选择出最好的、适合自己创作理念的现成图案加以运用的水平！因此，着重培养选择、判断、决策图案优良与否的能力尤为重要。

此书作者以多年来从事服装基础教学的实际经验为依托，引用了大批高质量的学生作业和中外服装设计师的经典作品，以及当代知名品牌的实际产品，在参考了多位在该领域硕果累累的前辈的基础上，形成此作。相信能够在专业教学和欣赏借鉴等方面，给广大同行略尽绵薄之力。

编者

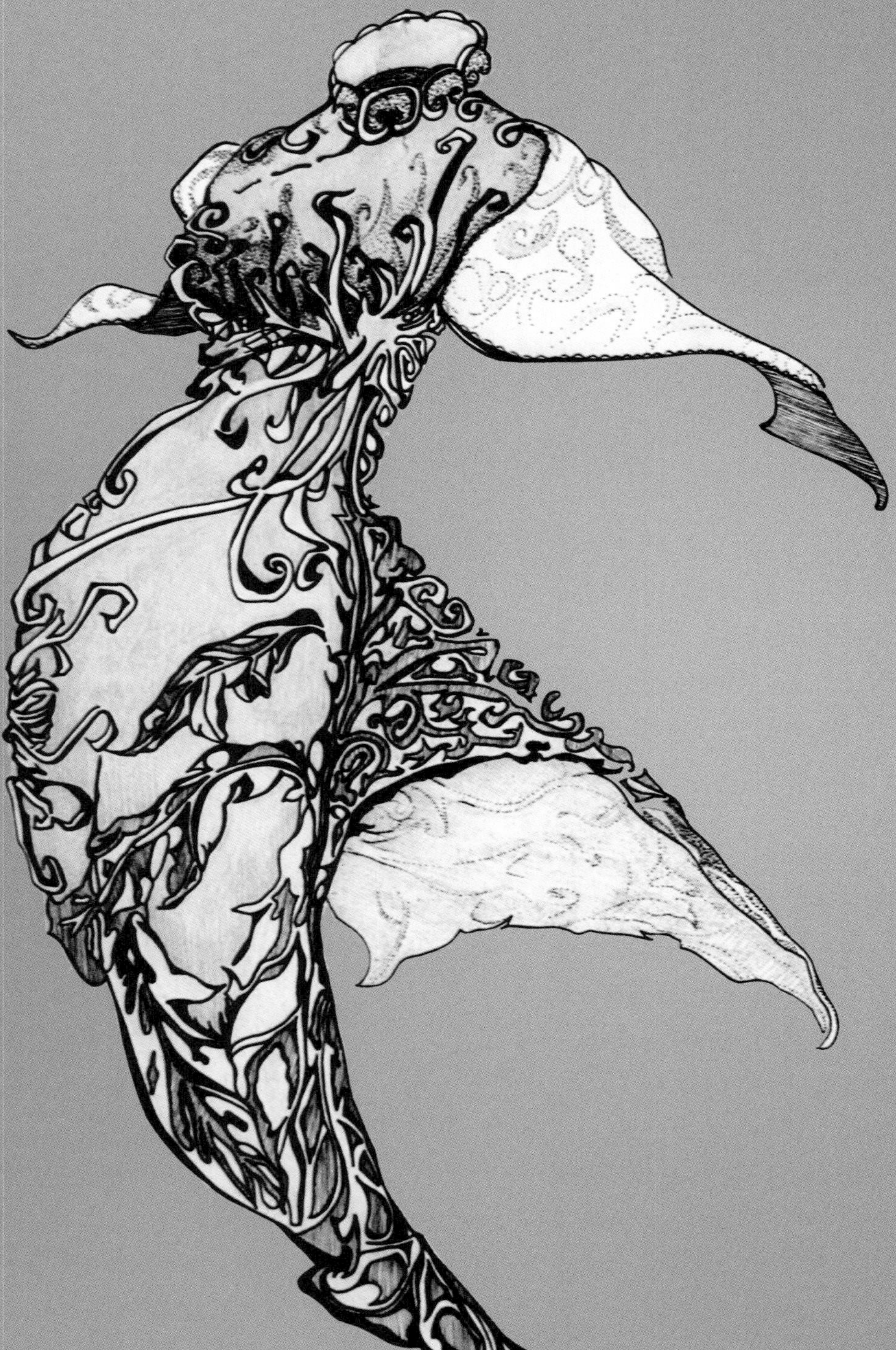

目录

CONTENTS

Dress ,
Patterns ,
Overview

第一章
服饰图案概述

第一节 » 图案和服饰图案的概念

图1-1-1
壁饰品上的图案

图1-1-2
陈设品上的图案

学习服饰图案，首先要弄清图案的概念。

图案是一种与人们生活密不可分的集艺术性、实用性于一体的艺术形式。生活中具有装饰意味的花纹或者图形都可以称之为图案。在电脑设计上，通常把各种矢量图也称之为图案。

图案是实用和装饰相结合的一种艺术形式，它把生活中的自然形象进行加工、变化，使它更完美，更适合实际应用。系统地了解和掌握图案的基础知识和技能，不仅能提高对美的欣赏能力，还能在实际应用中创造美，得到美的享受。

教育家陈之佛先生在1928年提出：图案是构想图。它不仅是平面的，也是立体的；是创造性的计划，也是设计实现的阶段。

图案教育家、理论家雷圭元先生在《图案基础》一书中，对图案的定义综述为："图案是实用美术、装饰美术、建筑美术方面关于形式、色彩、结构的预先设计。在工艺材料、用途、经济、生产等条件制约下，制成图样，装饰纹样等方案的通称。"

《辞海》艺术分册对"图案"条目的解释："广义指对某种器物的造型结构、色彩、纹饰进行工艺处理而事先设计的施工方案，制成图样，通称图案。有的器物（如某些器皿，家具等）除了造型结构，别无装饰纹样，亦属图案范畴（或称立体图案）。狭义则指器物上的装饰纹样和色彩而言。"如图1-1-1至图1-1-11所示。

图1-1-3
方巾上的图案

图1-1-4
服装上的图案

图1-1-5
建筑上的图案

图1-1-6
装置上的图案

图1-1-7
剪纸上的图案

图1-1-8
瓷器上的图案

图1-1-9
饰品上的图案

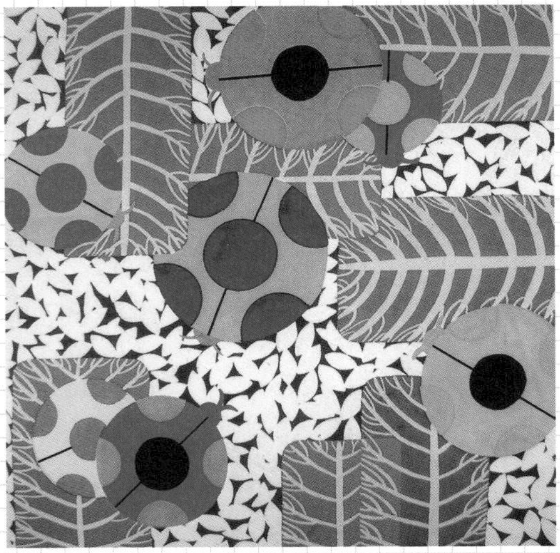

图1-1-10
室内饰品上的图案1

图1-1-11
室内饰品上的图案2

服饰图案就是用在服装及其附件，配件上装饰的图案。

服饰本身就是实用性和装饰性完美结合的生活用品，所以图案和服饰图案之间的关系自然是共性与个性的关系，如果说图案的内容带有普遍意义的话，那么服饰图案则是针对服饰这一特殊对象的装饰，是以美化人本身为目的，解决具体服饰美化的设计行为，如图 1-1-12至图1-1-22所示。

图1-1-12
中国民间服饰童帽图案

图1-1-13
当代复古帽饰

图1-1-14
当代帽饰

图1-1-15
中国少数民族帽饰图案

图1-1-16
日本武士头盔图案

图1-1-17
欧洲骑士头盔图案

图1-1-18
仿生提袋图案

图1-1-19
首饰图案

图1-1-20
方巾图案
图1-1-21
女鞋设计
图1-1-22
女包设计

第二节 图案的分类法

图案设计的范围很广，在分类方面不可能从一个角度进行全面的概括，因此从不同的角度出发会产生不同的分类方法。

按所占空间分，有平面图案（如地毯、织锦、刺绣图案）、立体图案（如家具、陶瓷图案）；按历史范畴分，有原始社会图案、传统图案、现代图案；按社会关系分，有宫廷图案、民间图案；按工艺美术品的种类分，有青铜图案、陶瓷图案、漆器图案、印染图案、服饰图案、织锦图案、工业造型图案、家具图案、商标图案、书籍装帧图案等；按装饰手法分，有写实图案、变形图案、具象图案、抽象图案、视错图案等；从图案的组织形式来分，有单独图案、适合图案、二方连续、四方连续和综合图案等；按装饰题材分，有植物图案、动物图案、人物图案、风景图案、器物图案、文字图案、自然现象图案、几何图案以及由多种题材组合或复合的图案等，如图1-2-1至图1-2-27所示。

图1-2-1
立体家具图案

图1-2-2
立体建筑图案

图1-2-3
平面瓷器图案

图1-2-4
西亚图案

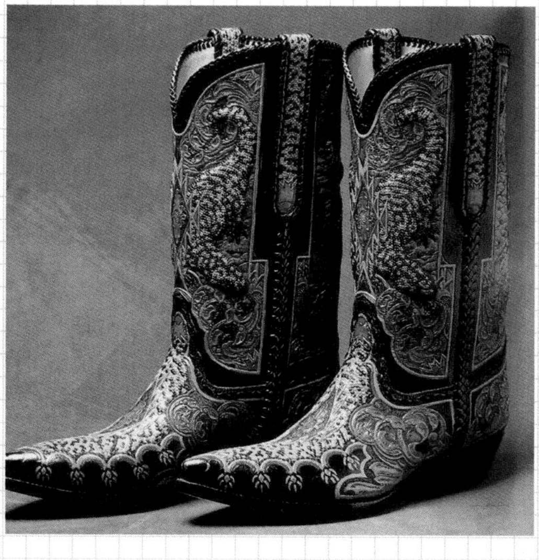

图1-2-5
中国敦煌图案

图1-2-6
靴子图案

图1-2-8
非洲图案

图1-2-7
东亚图案

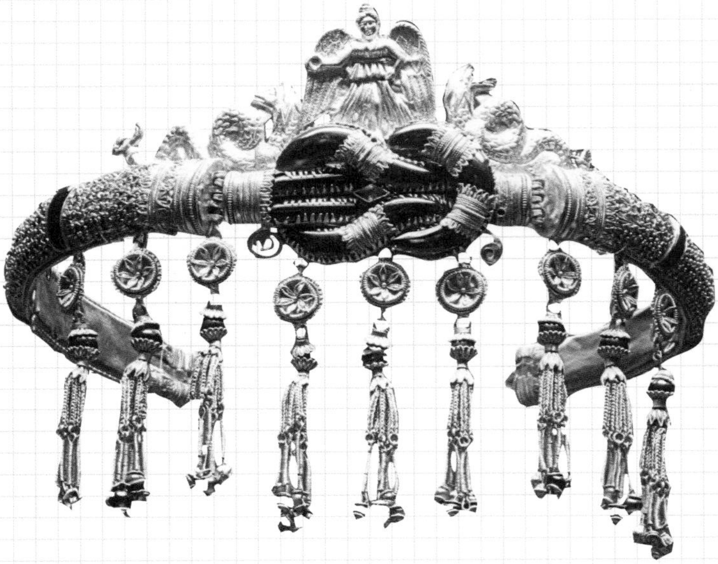

图1-2-9
金属图案

图1-2-10
欧洲教堂图案

图1-2-11
中国民间图案

图1-2-12
少数民族图案

图1-2-13
当代图案

图1-2-14
宫廷图案

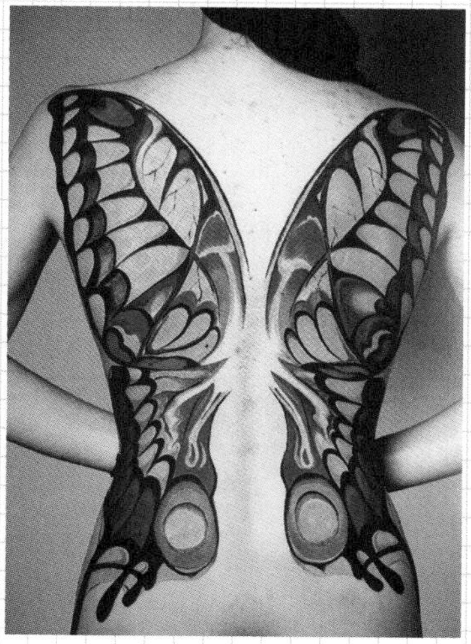

图1-2-15
人体图案

图1-2-16
包装图案

图1-2-17
服饰图案

图1-2-18
手包图案

图1-2-19
单独自由图案

图1-2-20
单独适合图案

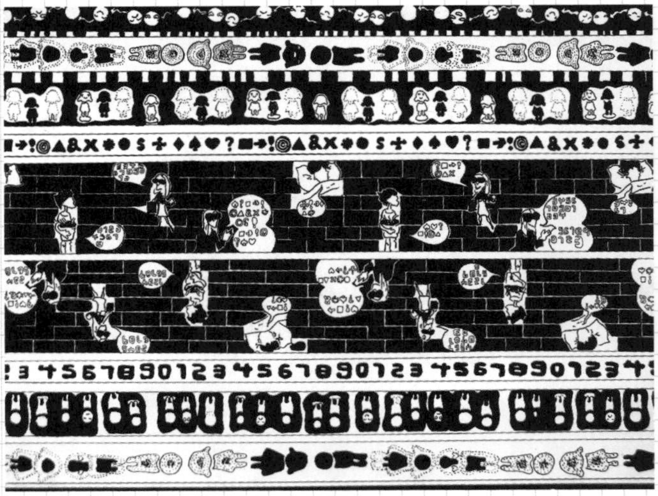

图1-2-21
二方连续图案

图1-2-22
四方连续图案

图1-2-23
动物图案

图1-2-24
写意图案

图1-2-25
人物图案

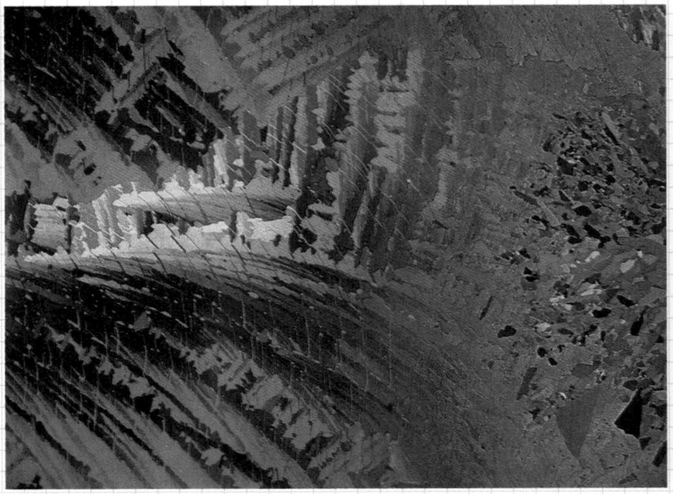

图1-2-26
电脑抽象图案

图1-2-27
立体装饰图案

第三节 》图案的造型和形式美法则

要想画好服饰图案，首先要掌握图案的造型和形式美法则，下面就主要部分加以介绍。

一、图案的造型法则

（一）变形

图案造型讲究表现主要特征，舍弃无关紧要的细节。特征是事物内在和外在本质的综合体现，也是区别与辨认不同事物最显著的依据。有特征才能有个性，强调个性才能有“变形”。因此强化自然形态的主体特征是图案造型变化的第一步。比如罂粟花的特征是由三、四片圆形的花瓣包裹组成，花朵硕大，罂粟果饱满多刺，叶子小而多却无特点。强调了罂粟花这些形象的主要特征，减少了其他不必要的细节，原来的自然形象肯定会产生变形，图案的大体形象也就塑造出来了。将其他动物、人物、风景形象加工成图案也同理。因此，必须抓住自然形态的特征进行强化变形，才能初步塑造出图案的造型美，如图1-3-1所示。

a

b

c

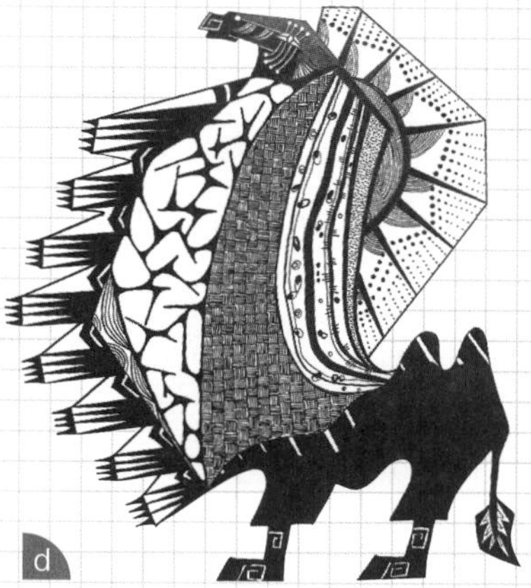
d

图1-3-1
图案的造型法则之变形

（二）夸张

就是对事物形象特征特点的放大和渲染，夸大自然形态中最本质最典型部分的强烈程度。用超越现实（自然)的比例、尺度、色彩、表面肌理、动态与静态等手段，使之更集中、更典型、更生动，更具图案装饰美。如羊角的形象酷似漩涡，这就是它的主要特征。在变化时，可重点夸张其巨大的漩涡状造型，缩小身体的比例。其他诸如动物中夸张孔雀的尾羽和头冠、狐狸的尾巴、大象的鼻子、黄牛的肌肉骨骼等。总之，夸张重在突出其内在的精神性格和外在的形象结构特征的共同点。如图1-3-2所示。

（三）条理

所谓条理化即是把形象规律化的重复组合，是将自然形态美的特征抽出来，用适合人们想象的手段和形式，通过点、线、面、色彩和肌理等概括变化符号，去归纳使之形象秩序条理。如圆形的牡丹花瓣以圆形条理使之圆得更圆，并以此规律去规范所有牡丹花的图案形象，或者以多边几何形去画所有的玫瑰花。另外，不论是以曲线或直线，或者以任何点形、面形来规范梳理自然形象，都应符合自然形态的生态规律，使各种条理化的形变化的大小、方向、色调等手法统一协调，如图1-3-3所示。

图1-3-2
图案的造型法则之夸张

图 1-3-3
图案的造型法则之条理

（四）想象

自然形态的美虽然给图案设计提供了美的来源，但人类总是在不断地追求更超越现实的美和理想化的图案形态。因此，和其他艺术形式一样，图案形态中人们也采取了超越现实、充满创造性思维和理想化的手段，使图案变化在富于美的形态的同时，享受到比现实的自然形态更多更丰富的想象美感，添加和理想化就是实现这一目的的重要手段。

1. 添加

添加是超越自然真实形态的一种“变化”手段。它可以在变化的图形上按主观设想添加任何别的形象，来组成一个“出其不意”的图案形态。如动物图案变化中有用四季不同的花装饰的鸟，花卉图案中有花上叶、叶中花，花中有太阳，太阳中有房子等。添加方法的目的是追求幻想、完美、离奇、丰富的图案形象。此手法往往以浪漫的唯美感觉为目标，如图1–3–4所示。

2. 理想化

以某一明确的理想化为目标的添加，也是图案变化的一大特点。在很多情况下采用人的主观向往（幻想)把不同的空间、时间，不同的形态，乃至不存在的事物，超越现实地组合在一起，使之表现人的主观理想意象。或通过某一形态变化为其他形态，或者打散（分解)又重新按想象的创意组合。中国的龙凤形象，埃及的狮身人面像，以及远古时期大量的图腾形象都是如此创造出来的。现代的机器猫，变形金刚等形象莫不如此！总之展开理想的翅膀是一条十分重要的图案创造途径。 如图1–3–5所示。

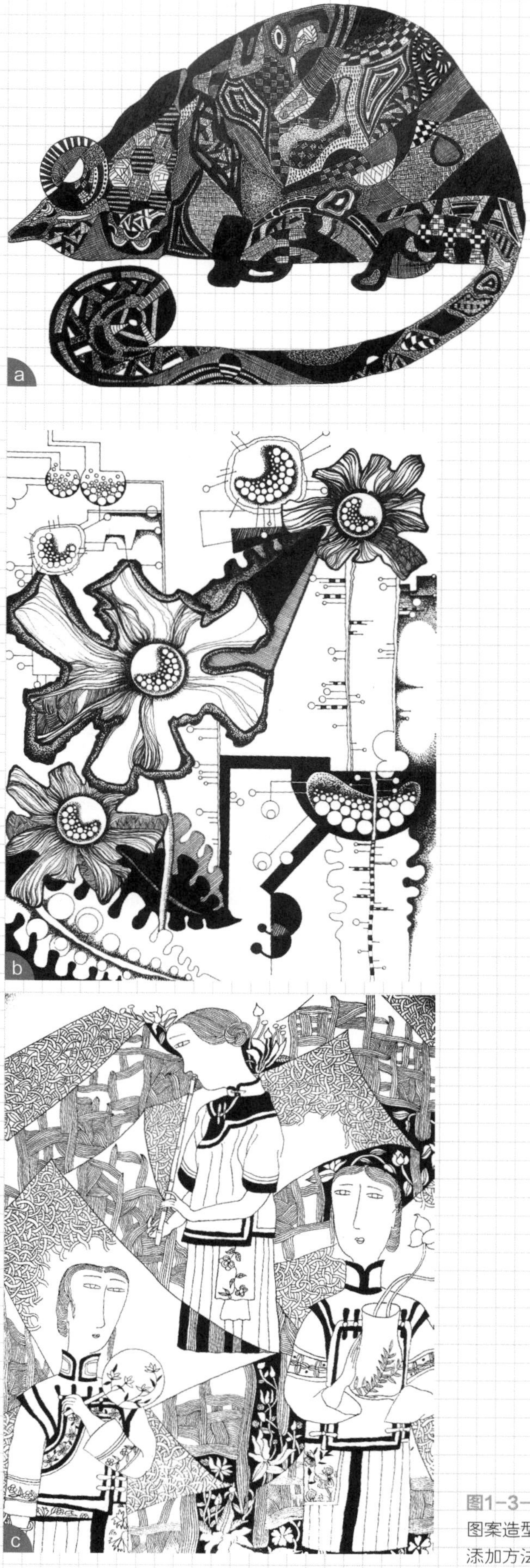

图1–3–4
图案造型的添加方法

图 1-3-5
图案造型的
理想化方法

二、图案的形式美法则

（一）变化与统一

变化与统一的法则，是构成图案造型和形式美的最基本的法则，也是一切造型艺术的普遍原则或规律。

“变化”就是在图案形象之间强调对比关系的显现。图案形象讲究变化，在造型上讲究形体的大小、方圆、高低、宽窄的变化对比；在色彩上讲究冷暖、明暗、浓淡、鲜灰的变化；在线条上讲究粗细、曲直、长短、刚柔的排列变化；在工艺材料上讲究轻重、软硬、光滑与粗糙的质地变化。以上这些对比因素处理得当，能使设计的图案给人一种生动活泼，丰富强烈之感。反之，过分变化容易使人产生杂乱无章，割裂生硬之感。

“统一”就是在图案形象之间强调协调关系的显现。图案设计讲究统一，在设计时应注意图案的造型、构成、色彩的内在联系，把各个变化的局部，统一在整体的“同类形”“同类色”有机联系之中，使设计的图案有条不紊，协调统一。但不可过分“统一”，从而产生呆板僵硬，单调乏味之感。

在图案造型中，做到整体上统一，局部上有变化较为难能可贵。为了达到整体统一，在造型中使用的线形、面型、色彩等可采用有规律的重复或渐变手法。如此能使图案产生既有节奏感又和谐统一的美感；所谓局部的变化，例如使用线条，同样的线条，应注意疏密、粗细、长短的变化，做到同中求异，使统一与变化的原理在图案造型中得到有机的结合，合理的搭配。使完成的作品达到既调和划一而又丰富变化的效果，如图1-3-6所示。

a

b

图 1-3-6
图案造型的变化与统一

（二）对比与调和

对比与调和是取得变化与统一的重要手段。

对比：是指在图案造型中强调质或量方面的区别或有差异的各种形式要素的异质对照关系。在图案造型设计中，如强调构图的虚与实、聚与散；形体的大与小，轻与重；线条的长与短，浓与淡；色彩的冷与暖、鲜与浊等对比因素在图案中的应用，都可以产生变化活泼、丰富跳跃的效果，画面给人以强烈新鲜、多样饱满的感觉。

调和则相反，是由在视觉上的近似要素构成的，即是图案造型设计中的线、形、色以及质感等都运用相同或近似要素，所产生的一致性，通常会使图案造型具有和谐宁静，优雅柔和之感。

图案造型设计中同样要做到既有调和又有对比。在使用线条时，如以直线为主，可在局部使用少量曲线、折线、虚线来达到既调和又有对比的效果；在使用面型时，如以几何形为主，可在局部使用少量自由形，虚线排列的面型来达到既调和又有对比的效果；在使用色彩时，如以亮丽色为主，可少量使用暗淡色，来达到上述的效果，如图1-3-7所示。

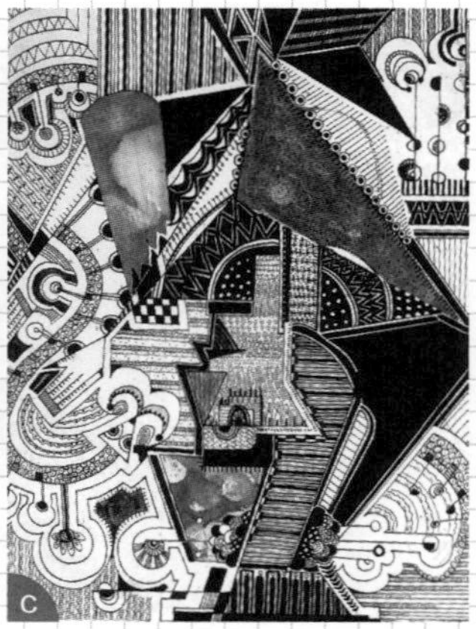

图 1-3-7
图案造型的对比与调和

（三）对称与平衡

对称是指图案造型以左右、上下或斜向中轴线为基准，得到左右、上下或斜同形同量，完全或基本相等的造型。由对称形式构成的图案给人重心稳定、庄重、整齐的美感。

在自然形象中，到处都存在对称的造型形式，如人类，动物，植物等的形体就是左右对称轴线的典型。其特点是具有统一规律感，适合表现静态美的经典效果，有很好的安定感。不足之处就是，过度运用容易产生僵硬、呆板的感觉，如图1-3-8所示。

平衡的美感，主要是从视觉和心理的角度上获得的。是视觉从图案造型形体整体上的量感、大小、材质、色调、位置等的感知中所感受到的平衡感觉，是一种“量感”和“力象”的平衡状态。

平衡美感是靠异形异量的组合，即量感近似，但形体的纹样和色彩的不同组合而组成的。平衡的形式以不失重心为原则，它的特点是稳定中求变化，变化中求稳定。由平衡美感形式构成的图案容易产生变化多端，活泼生动的动态美感,如图1-3-9所示。

（四）节奏与韵律

节奏就是规律性的重复。在图案造型中，主要的几个基本形可让它连续的、规律性的、反复的出现来组织整体造型。由基本形的反复出现而产生出节奏感，如图1-3-10所示。

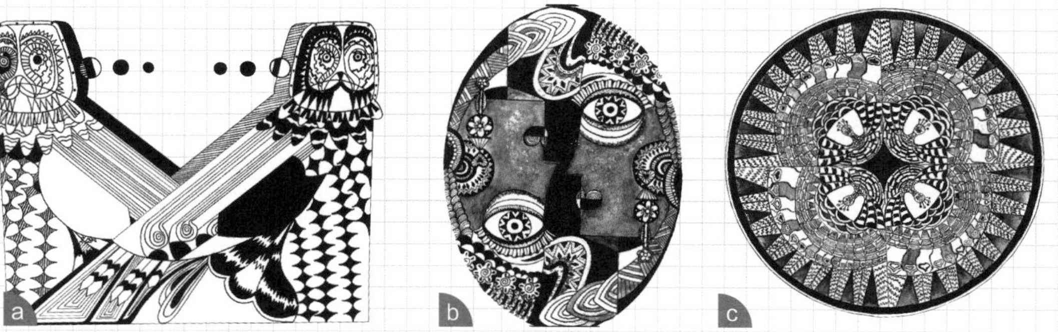

图1-3-8
图案造型的对称

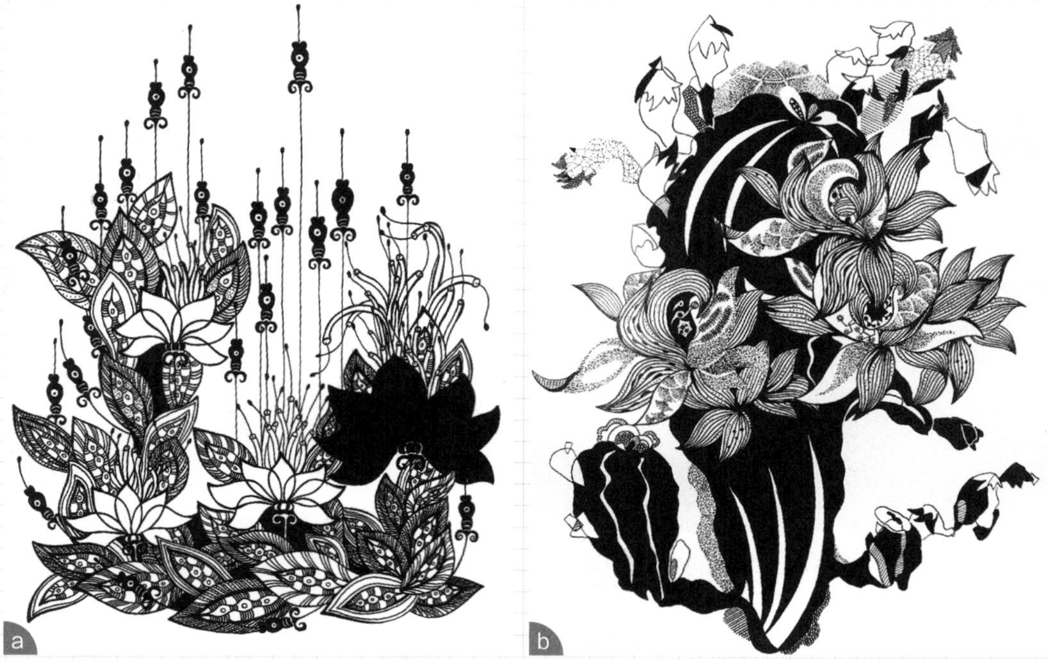

图1-3-9
图案造型的平衡

图1-3-10
图案造型的节奏

韵律是在节奏美感基础上创造的变化美感形式。它赋予节奏以强弱起伏、抑扬顿挫的变化，如图1-3-11所示。

节奏美感具有机械规律的特点，韵律美感具有音乐变奏般的特色。在图案造型中表现节奏与韵律交错美感的方法，可以通过图形的大与小、强与弱、虚与实、疏与密、明与暗；或方向、位置等方面既有规律又有变化的合理组合，以构成同时富有节奏与韵律美感的图案造型。

图1-3-11
图案造型的韵律

练习与思考

1. 运用变形，夸张，条理，想象的手法表现图案。
2. 运用统一与变化，对比与调和，对称与平衡，节奏和韵律的形式美感创作图案。
3. 了解并运用图案造型法则。
4. 了解并掌握形式美感的内在联系。

第四节 图案的组织形式

图案纹样的组织形式，是由图案的装饰内容和用途决定的。大体可分为单独纹样、适合纹样、连续纹样、综合纹样几种形式。

一、单独纹样

单独纹样是一个具有完整性的独立个体，也是构成适合纹样、连续纹样的最基本的造型单位。单独纹样的构图形式可分为对称式和平衡式两大类。对称式的表现形式又分为绝对对称式和相对对称式两种。

1. 绝对对称式

依据假设上下、左右、上下左右或斜向、相对、相背、转换、交叉、多面的中心线，纹样形象完全相同，是等形等量的组织结构，画面效果庄重大方、稳定、规律整齐，如图1-4-1所示。

图1-4-1
绝对对称式纹样

2. 相对对称式

依据假设上下、左右、上下左右或斜向相对、相背、转换、交叉、多面的中心线，主要组成部分的结构、形象相同，局部纹样稍有差异，大体效果仍是对称式，画面效果比绝对对称稍有活泼变化之感，如图1-4-2所示。

3. 平衡式

就是图案造型依据轴线或中心线或中心点采取等量不等形的纹样组织形式，在视觉上和心理上求得力与量的平衡与安定，给人以生动活泼、变化多端之美感。平衡式单独纹样又分为涡形、S形、相对、相背、交叉、折线、重叠、弧线综合等组织形式，如图1-4-3所示。

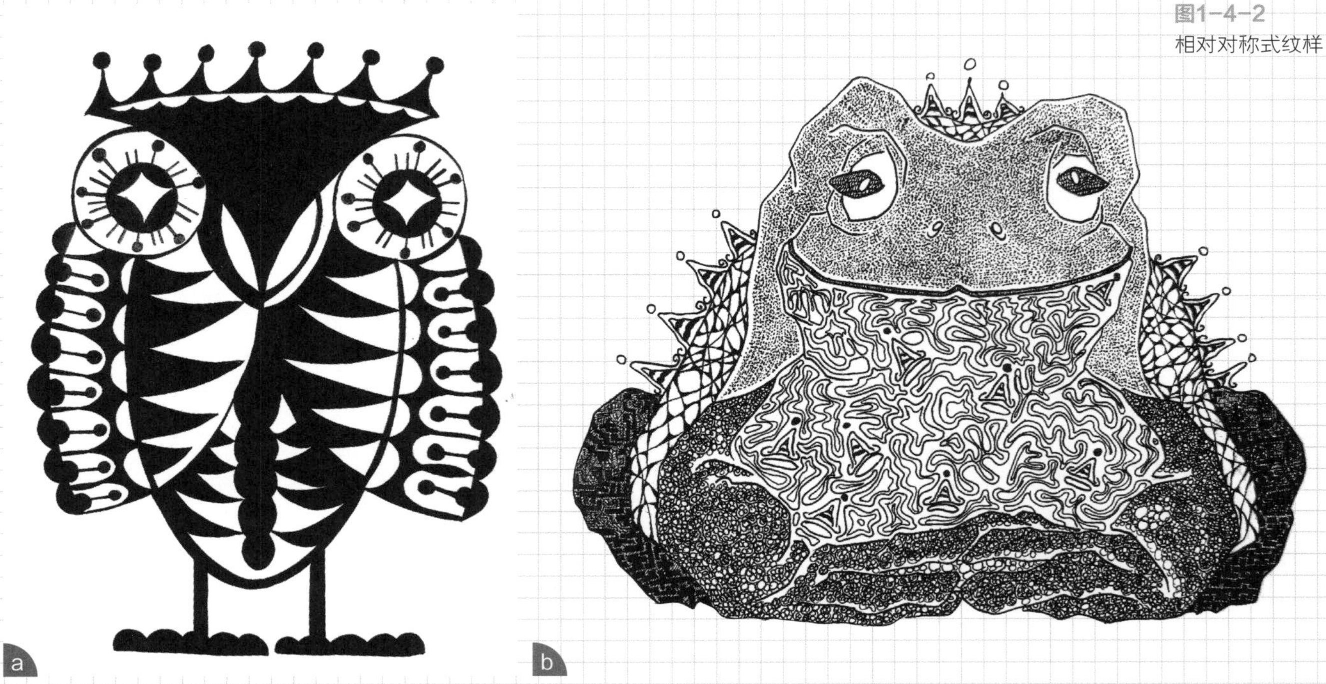

图1-4-2
相对对称式纹样

图 1-4-3
平衡式纹样

二、适合纹样

适合纹样就是图案造型受一定外形限制，其纹样必须安置在特定的外形中如：圆形、方形、三角形、椭圆形、菱形，随意形等。也有用自然形体作外形轮廓的，如葫芦形、花形、叶形、桃形、扇形等。

组成适合纹样的图形可以由一个或几个完整的形象组成，恰到好处地安排在一个完整外形内，达到构图和形象的整体舒适性。它的特点是结构严谨，布局匀称、主题突出，力求外形与纹样形象和谐统一。

适合纹样的构图形式也可分为对称式和平衡式：这两种构图形式也都有向心式、离心式，向心、离心结合式，旋转式、转换式、直立式、重叠式、均衡式、综合式等，如图1-4-4所示。

a

b

c

d

图1-4-4
适合纹样

e

f

三、连续纹样

连续纹样是用一个或几个基本纹样单位向上下或左右，对角，双向重复排列形成的纹样，叫做二方连续；也可向上、下、左、右四个方向同时大量重复排列而形成的纹样，叫做四方连续。

（一）二方连续纹样

二方连续的设计特点是节奏感强。特别注重图案单位之间的衔接、穿插和呼应的统一自然处理，使之形成完整整体。二方连续应用很广，如日用器皿、包装、窗帘、台布、陶瓷、封面、报刊等的装饰构图，多采用二方连续式纹样。二方连续的构图形式主要有：

1. 散点式

散点式是以一个或几个呈“点”状的纹样做平行、错位、跳跃式的重复排列组成，因纹样之间有一定的空间距离，故称散点式，如图1-4-5所示。

2. 波纹式

波纹式是由波浪状的单曲线、双曲线、多曲线为骨骼组成图形，纹样流畅、韵律感强，形似波纹故称波纹式，如图1-4-6所示。

图1-4-5
散点式二方连续纹样

图1-4-6
波纹式二方连续纹样

3. 折线式

折线式是以直线转折线为骨骼来排列图案形象，有直角、锐角、钝角之分。图案造型力度感很强，如图1-4-7所示。

4. 综合式

综合式就是图案造型综合运用两种或两种以上不同、或相同骨骼的二方连续组成的构图形式，它的画面效果更加丰富多变，是服饰图案的重点训练单元。但是要注意几种不同图案骨骼之间的主次关系和协调统一，如图1-4-8所示。

（二）四方连续纹样

四方连续纹样是由一个单元纹样做上下、左右四方同时大量反复、扩展排列形成。四方连续应用很广：如染织图案，服装面料，窗帘布，印刷底纹等，多采用四方连续纹样构图。

四方连续图案要注意单元之间的彼此衔接处理自然，纹样既可反复连续地单独排列，也可以有主宾层次，纹样穿插连续，讲究自然活泼，有疏有密，虚实变化，达到整齐统一的艺术效果。四方连续纹样的构图形式主要有：

1. 散点式

散点式是四方连续的主要骨骼形式，由一个纹样或两个以上纹样组合成一个单位，向四方反复循环，连续构成。由单元纹样有规律地循环反复，使一种或几种纹样以各自不同姿态、不同大小、不同方向，有规律地散布在一定的范围之内，称之为散点式。散点排列分规则散点排列和不规则散点排列两种。

（1）规则散点排列：是指在一个循环单位安置一个纹样，叫一个散点，安置两个点叫两个散点，安置三个点叫三个散点，以此类推。根据一定的规则决定纹样的位置，构图形式比较均匀整齐。在安置纹样时，要注意纹样的方向、形态和大小效果等的适度变化。

（2）不规则散点排列：只需将单元纹样的衔接点和尺寸确定，纹样可不受格式限制，随意穿插排列，但要注意纹样的呼应，疏密有致。不规则的构图形式比较活泼，如图1-4-9所示。

2. 连缀式

连缀式图案单元呈横向、纵向或斜向的互相连合，纹样互相穿插，连续性强。一般有波形连缀、菱形连缀、阶梯连缀、转换连缀等。

（1）波形连缀：用波纹线构成四方连续纹样的骨骼，纹样起伏变化如同水波状，故称波形连缀。

（2）菱形连缀：在单元画面中用菱形作基本形，在菱形中设计适合纹样，然后再向四方连接，形成菱形连缀纹样。

图1-4-7
折线式二方连续纹样

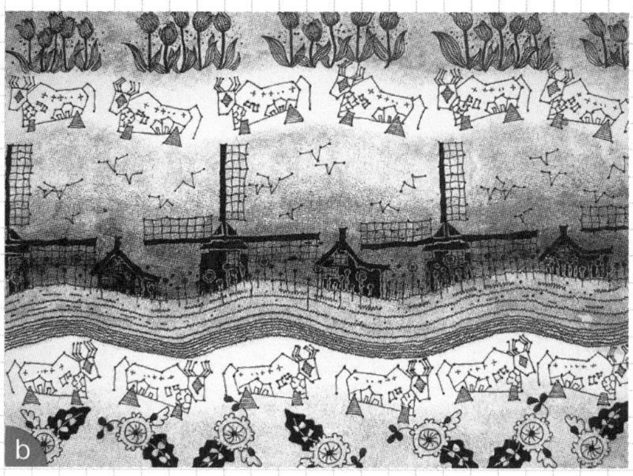

图 1-4-8
综合式二方连续纹样

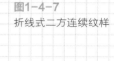

（3）阶梯连缀：单元纹样如阶梯般地依次升降排列。阶梯单元形状有方形，长方形和多边形等，形成阶梯形连缀纹样。

（4）转换连缀：是在两个等同的单元纹样的基本形中，用同样的纹样做转换的排列，形成转换连缀的纹样，如图1-4-10所示。

3. 重叠式

就是用两种或两种以上的纹样重叠排列在同一图案画面上。底纹一般由几何纹样构成，主体纹样一般用散点排列，要注意重叠图案之间层次清晰，达到既有变化而又统一，强调空间层次的视觉效果，如图1-4-11所示。

4. 综合式

就是用三种或三种以上的纹样统一安排在同一图案画面中。一般由几何纹样，写意纹样，写实纹样综合构成，要注意各种骨骼图案之间的主次关系处理，达到既变化又统一，强调丰富饱满的视觉效果，如图1-4-12所示。

图 1-4-9
不规则散点排列纹样

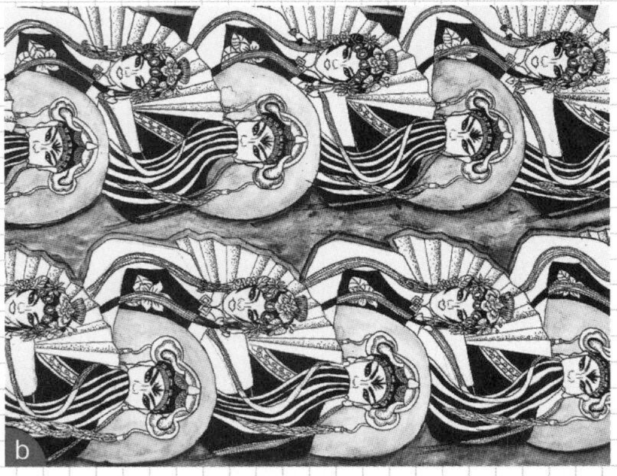

图1-4-10
转换连缀纹样

图1-4-11
重叠式纹样

图1-4-12
综合式纹样

四、综合纹样

综合纹样是指运用单独、适合、连续纹样等综合组织在一个大型图案中的一种纹样。综合纹样应用很广，如服装，地毯、床单、建筑装饰等多采用综合纹样构图，它也是服饰图案的重点训练单元。综合纹样的设计表现要特别注意各类图案之间的主次关系的条理化处理，切忌杂乱无章，各自为政，如图1-4-13所示。

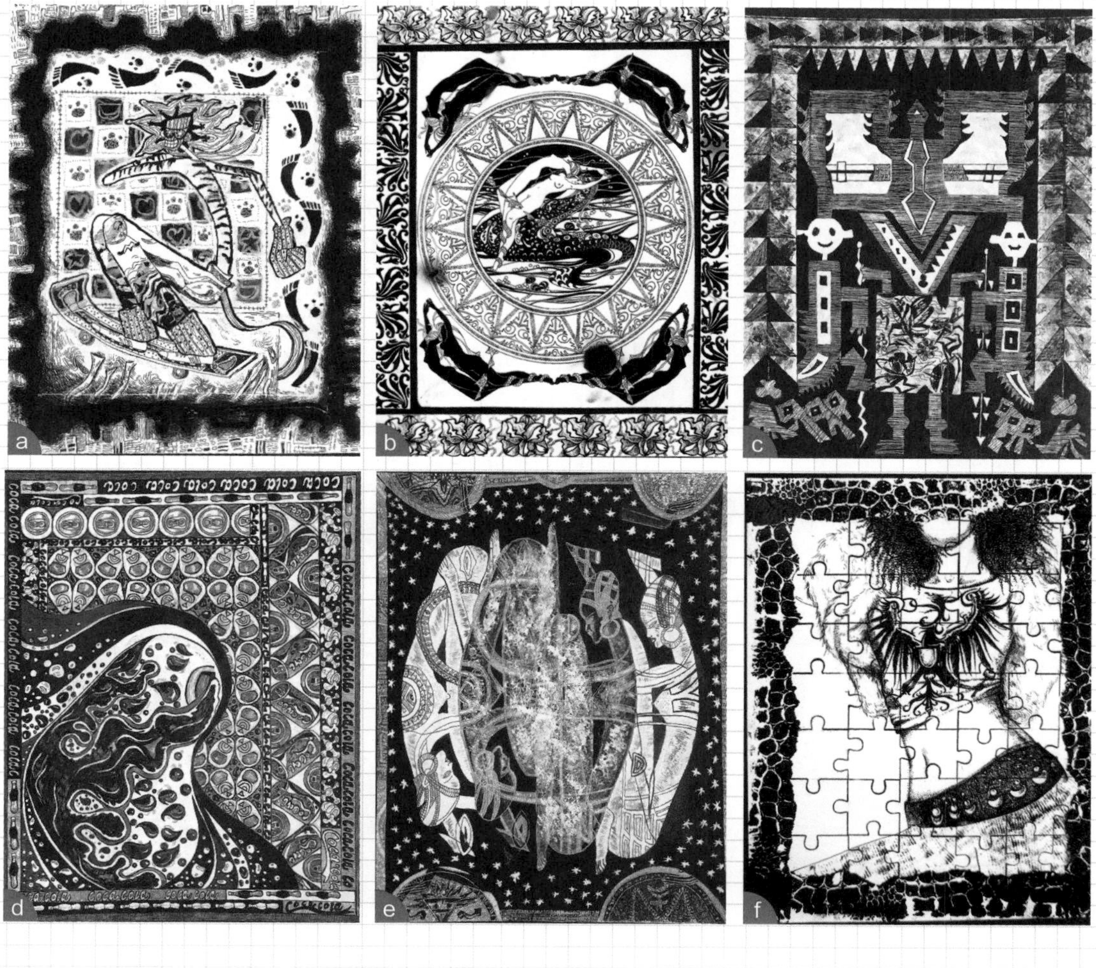

g

h

i

j

k

l

m

n

o

p

q

r

图1-4-13
综合纹样

练习与思考

1. 单独纹样，连续纹样，综合纹样的各种骨骼训练。
2. 图案纹样内容的构思。

第五节 » 图案的修养

图案不只是装饰造型艺术，更是一种文化现象。可以说每一个优美图案的背后都承载着丰富的文化、典故和讲究。认真地了解它们，有助于人更加深刻合理地运用它们。比如：基诺族男子服装背后的“孔明印”，标志着基诺人对诸葛亮的感恩和纪念之情；彝族服饰上的“火镰纹”，苗族的“蝴蝶纹”表示着对祖先的崇拜；维吾尔族花帽上的星月图案，记载了他们坚持信仰伊斯兰教的历史事件；荷兰马肯地区妇女的胸前的绣花16岁前是2朵，16岁后5朵，结婚以后7朵；欧洲民间服饰上的三叶纹代表了圣父，圣子，圣灵的宗教含义等。综上所述，大量了解图案形象之外的知识，增加图案文化的修养，是设计好服饰图案的内在功力。所以，有必要着重再从以下几个角度增加对图案的了解。

一、立体图案

建筑，家具，交通工具，生活器皿上呈三维状态的图案（主要指高浮雕形态的），因为有强烈的立体感和透视性，容易被忽略或当作其他艺术形式来欣赏。比如欧洲的宫殿，古堡，教堂的立面上，铁艺围栏，骑士装备，宫廷园艺中的图案等，还有中国的寺院，陵墓中，宗教造型，武士甲胄上的图案等，就是立体图案，如图1-5-1所示。

图1-5-1
立体图案

二、民间图案

无论古今中外，除了以皇家贵族和流行审美风格为主流的图案之外，在民间日常生活中还存在着大量和普通人密切相关的装饰图案。如欧洲捷克人，中国摩梭人，北美爱斯基摩人，南美印第安人，非洲土著人等都在历史上创作了无数精美绝伦的民间图案。它们大量存在于窗花剪纸，木雕面具，玩具皮影上，可谓是变化万千应有尽有。这些图案朴素，率真，神秘，散发着强烈的生活气息，蕴含着浓郁的历史内涵，是我们当代人创作取之不尽的艺术瑰宝，如图1-5-2所示。

图1-5-2
民间图案

三、东西方图案

总体上来看，从古至今东西方图案艺术风格大体上的差别是：在美感追求上西方人喜欢创新开拓，在技术上注重理性逻辑。所以其图案艺术一直在不停地演进，抛弃，更新，始终引导着图案艺术风格的美学潮流；东方图案在美感上喜欢继承完善，在技术上推崇程式化，所以其图案艺术风格一直“万变不离其宗”的缓慢变化着。应该说，这两种对待艺术的态度各有千秋，不可简单地褒此贬彼，如图1-5-3所示。

a

图1-5-3
东西方图案

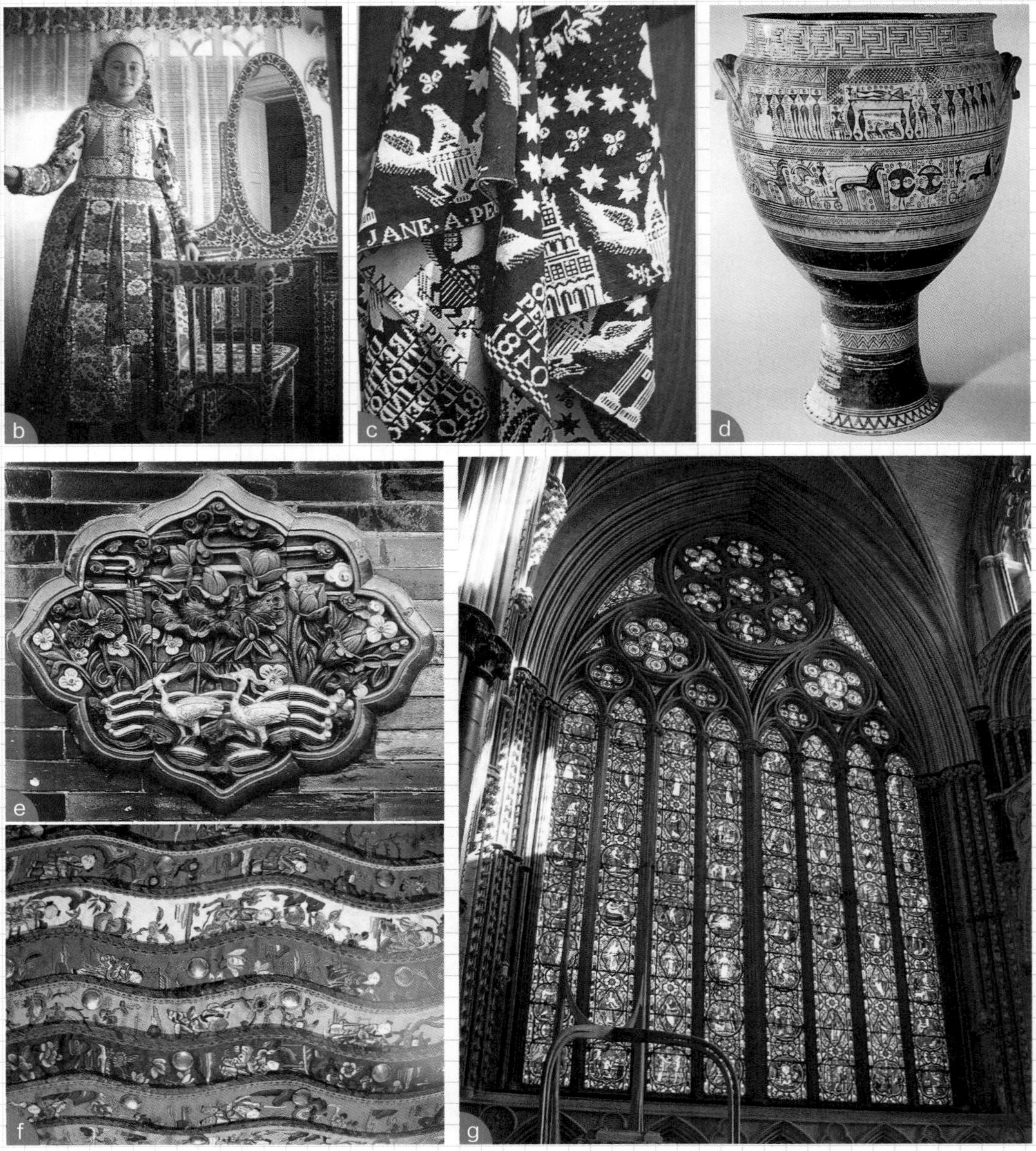

b c d e f g

h

i

j

k

l

m

n

四、经典图案

很多经典的图案，直到今天还在大量的运用，说明他们的生命力是多么的旺盛，而在漫长的产生，变化中的原始本意和新意义之间的区别，往往是我们容易忽略的。比如龙凤图案，卷草图案，万字图案，回旋图案，米字图案，太极图案，族徽图案等，如图1-5-4所示。

五、时代风格图案

历史上每个时代的图案艺术，在其审美情趣上都有不同的特点，从而形成丰富的装饰风格差异。其本质实际是当时文学，诗歌，绘画，音乐，科技等方面文明水平的总和。中国彩陶的单纯神秘，吉祥图案的喜庆欢乐，敦煌图案的隽永飘逸；西方巴洛克图案的古典严谨，洛可可图案的妩媚妖娆，抽象图案的哲思变幻，后现代图案的片断迷离……无不深深触动着人类每一根敏感的神经，满足着人类丰富的需求！如图1-5-5至图1-5-14所示。

温故而知新，人就是在这浩瀚的图案艺术遗产中撷英变通，奋而前行的。

六、中国图案

中国的图案艺术博大精深，作为中国的服装设计师，深入研究中国装饰艺术中的图案艺术，增加艺术修养，为自己的设计语言增加多维的角度和厚实的底蕴是十分必要的。下面就从中国传统图案艺术中最主要，最典型的角度简要介绍。

原始社会的新石器时代，我们的祖先创造了灿烂的彩陶文化。古人将实用美和形式美非常精巧地运用在陶艺的制作中。彩陶图案在造型方面讲究规整、单纯、刚劲、挺拔、深厚，线条刚柔相济而富有弹性。彩陶装饰图案内容上特别丰富，包括各种人物纹样，动物纹样，植物纹样，几何纹样等。其风格有的质朴，有的优美瑰丽，律动感强；有的活泼生动，旋动流畅；有的浑厚凝重，有的刚健粗犷。由此可见，我们的祖先在遵循对称、平衡、统一、变化、对比、和谐、节奏、韵律等诸

图1-5-4
经典图案

图 1-5-5
神秘风格图案

图1-5-6
装饰风格图案

图 1-5-7
细密风格图案

图1-5-8
书法风格图案

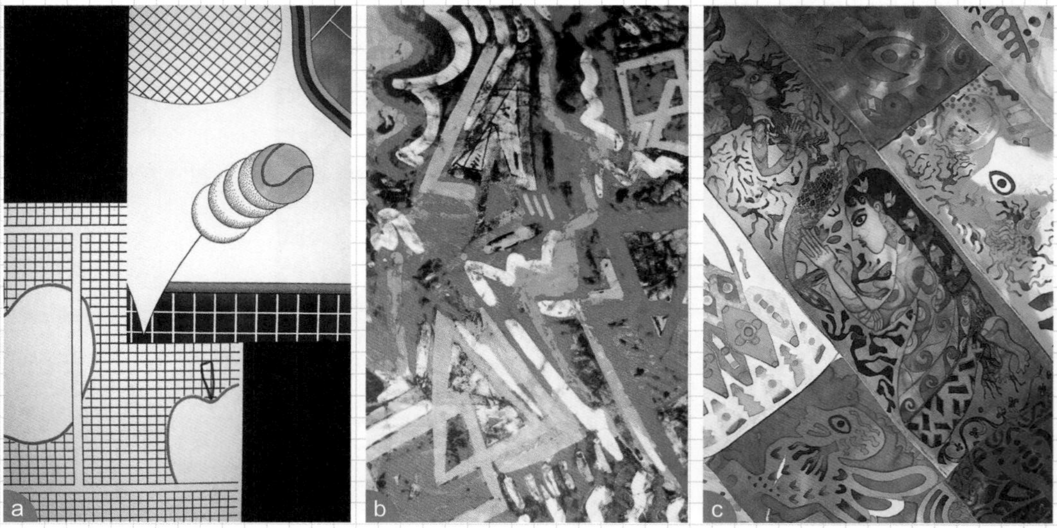

图1-5-9
表现风格图案

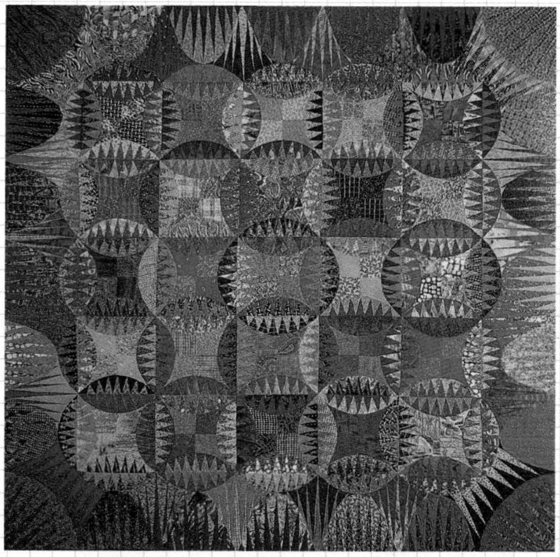

图1-5-10
几何风格图案

图1-5-11
飘逸风格图案

图1-5-12
新装饰风格图案

图1-5-13
电脑风格图案

多规律中，虽以实用为基础，但也赋予了那个时代特定的审美特征，如图1-5-15所示。

商周时期的青铜器主体图案是常用铸造的几何形“回”纹作底托凸起的浮雕式饕餮、夔龙、夔凤等图形。前期造型图案风格高古，造型凝重，铸工精细，装饰花纹层次繁缛；后期造型图案风格趋向简朴，造型设计比较注意轻简适用，纹饰以浅浅的刻镂技法为主，趋向简化、写意，多用曲纹、盘云文、鳞纹、重环纹等，体现出神秘、森严的艺术气氛，如图1-5-16所示。

春秋战国是一个工艺美术百花齐放的时代，纺织业、制陶业、漆器业、皮革业、玉器琉璃业等普遍发展，在艺术风格上具有行云流水，张扬奔放，激情四溢的鲜明时代特征。在铜器和陶瓷制造方面采用了镶嵌、模印、鎏金、焊接、镂空等工艺，显得缤纷而绚丽；漆器装饰开拓了气韵生动的艺术风格；丝绸工艺精美绝伦远播世界；建筑琉璃工艺装饰简洁大气；玉器图案更加精致细腻，如图1-5-17所示。

汉代的铜器由礼器向日用器皿发展，图案更加简洁。织锦图案采用经线起花，织出各种飞禽走兽，色彩更加华美。汉代的装饰花纹多采用云气纹，其间点缀生动的动物，给人以淳

图1-5-14
商品标识风格图案

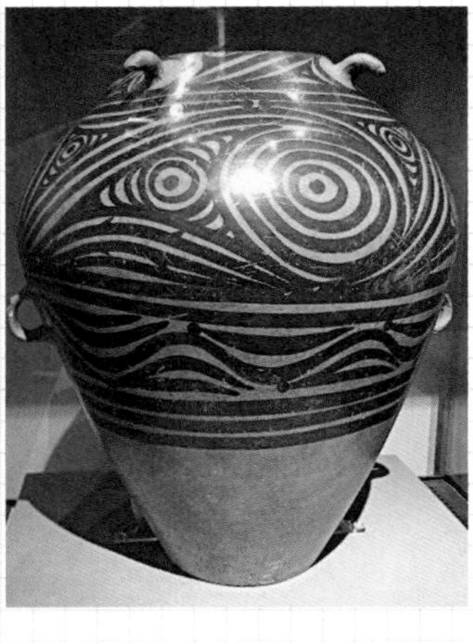

图1-5-15
彩陶图案

图1-5-16
商代青铜器图案

图1-5-17
战国青铜器图案

朴浑厚，动感十足之美感，如图1-5-18、图1-5-19所示。

唐代的图案水平在各方面都取得了突出的成就。绚丽的织锦图案采用纬线起花的方法，花纹和色彩显得更加绚丽多彩；金银器皿制作十分精美，器形上吸收了西亚、欧洲的风格，充满了中土和异域相融的艺术特色；漆器、木器装饰运用镶嵌、螺钿、金银平脱等装饰方法，更加富丽华美。唐代装饰风格活泼奔放、饱满富丽、世俗华贵，体现出天朝大国生机盎然的乐观心态，如图1-5-20所示。

宋元图案最突出的成就体现在瓷器上。各具艺术风格的名窑，分布在南北各地，争艳媲美。图案手法吸收了写意笔墨的书画之气，风格高古优雅；丝织品中的织锦图案具有秀丽典雅，细腻多变的工笔画风格，如图1-5-21所示。

明代的织锦、家具图案装饰成就较高；陶瓷图案融入了彩绘技法，如青花、五彩等，造型飘逸，色彩明艳；金属工艺中的宣德炉和景泰蓝装饰风格复杂精致，别具一格，如图1-5-22，图1-5-23所示。

清代后期在宫廷装饰风格上流于繁琐堆砌，庸俗颓废。但此时期特别值得一提的是中国特有的吉祥图案，如图1-5-24所示。

图1-5-18
汉代陶器图案

图1-5-19
汉代画像砖图案

图1-5-20
唐代宗教图案

图1-5-21
元代图案

图1-5-22
明代瓷器

图1-5-23
明代织锦

七、吉祥图案

吉祥图案就是指以含蓄、谐音等巧妙的手法，组成具有一定吉祥寓意的装饰纹样。它的起源可上溯到商周，发展于唐宋，鼎盛于明清。明清时期几乎到了图必有意，意必吉祥的地步。

比如以龙、凤的图案来象征皇权，如图1-5-25，图1-5-26所示。从古至今，龙是中国古代的吉祥神瑞，被视为中华民族的图腾之首，具有至高无上的地位。龙纹在中国运用极广，经过历代的加工演变，形象从虚构逐渐具体化。比如明代的龙纹就是由牛头、蛇身、鹿角、虾眼、狮鼻、驴嘴、猫耳、鹰爪、鱼尾组成的；清代的龙纹则规定为“九似”，即角似鹿，项似蛇，鳞似鱼，爪似鹰，掌似虎，耳似牛。

从姿态上分又有团龙、坐龙、行龙、升龙、降龙等名目。按明制，供皇帝用的纹饰为升降龙，拥祥云、拥骨朵云、祥云嵌八宝纹等；实际上，在明清两代，五爪金龙已成为皇室专用纹饰。

又如柏树因其冬夏常青，其生物特性被引申为象征人的长生不老，用以祝福人类的长寿万年；合欢叶因其晨舒夜合，近于夫妇之意，用以祝愿夫妇和谐；石榴、葡萄因其籽粒繁多，则是中国家族对多子多福的祈求，如图1-5-27所示。

汉字因其自身谐音双关的特性，为吉祥图案创造提供了广阔的天地。比如在汉语中，一个相同的读音往往对应好几个汉字，因此，利用读音的相同和相近便可取得一定的修辞效果。比如“瓶”字谐“平”字音，表示“平安”之意；同理蝙蝠和佛手两词谐音是“福”意；喜鹊音谐“喜”意；桂花、桂圆谐“贵”意，百合、柏树谐“百”意等，如图1-5-28所示。

吉祥图案还可以直接用吉祥汉字的各种文字来表示，如福、寿、喜等字，如图1-5-29所示。这种用文字表达人们美好心愿的手法，早在汉锦上便运用极为广泛，到了明清时期则得到了空前的发展。如“寿”字早已被图案化、艺术化，成为一个吉祥符号，竟有300多种图形变化，可用多种字体表示。字形长的叫“长寿”，字形圆的，叫“圆寿”（无疾而终）。

卍原本不是汉字，而是梵文，这是一种宗教标志。佛教著作中说佛主再世生，胸前隐起卍字纹，这种标志旧时译为“吉祥海云相”。在唐代武则天当政时，被正式用作汉字，此后佛经便将之写作“万”字，发音也相同。尽管它被用作汉字，但更多地还是以图案的形式出现。吉祥图案中的“万字曲水”纹，借卍四端伸出、连续反复而绘成各种连锁花纹，意为绵长不断。“万字曲水”纹多作图案的底纹。这种纹样运用最广的当推服饰图案，旧时乡绅多有以此为长袍马褂的衣料，君主大臣的龙袍朝服也多有绣、织卍字的，如图1-5-30所示。

我国传统图案在各个历史时期有着不同的发展状况和艺术特色。这些丰富而又灿烂的传统图案，值得我们认真学习和研究。

图1-5-24
清代瓷器图案

图1-5-25
龙袍图案

图1-5-26
凤图案

图1-5-27
多子石榴图案

图1-5-28
富贵花开图案

图1-5-29
福寿图案

图1-5-30
万字图案

练习与思考

1. 临摹传统纹样。
2. 了解熟知经典传统纹样的技法特色。

Dress Patterns Design

第二章
服饰图案的设计方法

第一节 » 服饰图案的构思方法

艺术创作是由构思和表达两方面组合而成的。关于服饰图案的表现将在后面的章节详细介绍，本章节主要讲解服饰图案构思的内容。

构思能力是一个人创造能力的体现，是作者对现实生活和个人情感升华为艺术形象思维的感知能力，没有它艺术的创造就无从谈起。构思需要经过酝酿、积累、整合、选择、确定等数次反复的推敲才能成型，是一个特殊、复杂的思维活动。服饰图案的创作构思属于实用性美术范畴，它和纯艺术创作构思虽有共同之处，却更有自己的特性。总体上它更强调逻辑理性思维模式的参与，纯艺术的灵感和偶发性思维虽然可以有，但是需要建立在现实设计目的的控制范围之内。通常从主客观两方面介入构思。

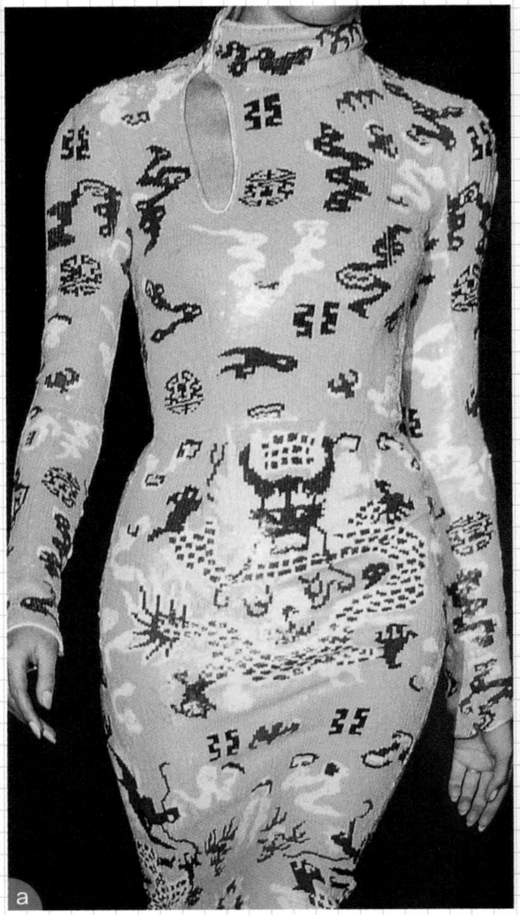
a

b

一、对客观元素的直接深化构思方法

把握客观元素是作者初级的艺术构思，较浅层次反映客观现实感受的思维认知活动。作者在面对以服饰图案元素为设计主体的设计要求时，必须要综合观察研究服饰与图案和设计要求之间的相互内在关系，学会从分散的、片段的、表面的、大众化的感知阶段，逐渐过渡到较为深刻的、总体的、个性化的感知层面。主要的思维方式有省略，夸张，重构等。此时作者的着眼点主要是放在款式，色彩，图案，饰品，潮流等形而下因素的合理技法上，其设计结果能够满足大部分普通消费者对图案实现装饰美感的需求。

比如要设计一款女式复古风格的礼服，那么欧洲宫廷礼服或中国旗袍的美感就会成为基本的选择趋向，也是最终款式创作的母体元素。而图案的选择就会在欧洲巴洛克，洛可可图案或者中国唐代卷草纹，明清皇室图案之间选择；组织形式会以点状，线状为主；色彩会以低明度，对比色，中纯度色来组合；饰品图案则集中在项链，耳环，手镯，胸花，披巾，手包上，是服装图案的简洁化。

如果要设计一款少年男式休闲装，那么短风衣，T恤或西服便装将会是不错的款式选择。图案以影视明星，歌坛新秀，网络时尚用语等为主；组织形式以后现代打散重构的骨骼来安排点，线，面状图案；色彩纯度高，明度反差大；饰品图案可以是和服装图案相关或毫无关系的任何东西，集中在项链，胸针，戒指，腰带，鞋子，帽子，围巾上面，如图2-1-1所示。

c

d

图2-1-1
客观直接构思方法

二、对主观元素心理特点分析构思方法

把握主观元素是作者高级的艺术构思认知活动。爱美之心人皆有之，服饰图案是用来装饰美化人的，是用来满足设计者和使用者双重审美心理的。虽然人类的心理行为错综复杂，但还是可以从年龄，性格，地区，用途等诸多因素的相互影响中找到规律性的东西，从而相对准确地捕捉到每一个阶层和个人的审美取向。它主要的思维方式有综合，分析，判断等。此时作者的主要着眼点主要放在满足设计者和使用者心理，特色，境界，效果等形而上的因素上，其设计结果主要能满足小部分特殊消费者的个性化装饰美感和设计师审美理想的需求。

比如从年龄心理角度上来说，为儿童设计服饰图案，就要考虑到儿童对周围事物只能做以自我为中心，局部式感知的心理特色。所以一般是由父母将孩子打扮成稚嫩可爱，活泼健康，天真稚气的心理决定的，图案多为夸张拟人的卡通风格花卉，动物等形象为主，色彩的明度、纯度很高，鲜艳明快，很讨大人孩子喜欢；近年来也有一部分人把孩子过分地往成年感上打扮，拿名牌标志，成人时髦形象做儿童服饰图案，这其实是反映出他们自己崇尚品牌，盲目追赶潮流的虚荣心理。其他如儿童设计服饰图案的性别中性化，反向化审美情趣，也都是当代人多元化需求的表现，设计师从此点入手才会避免儿童设计服饰图案流于一般的程式化设计。

a

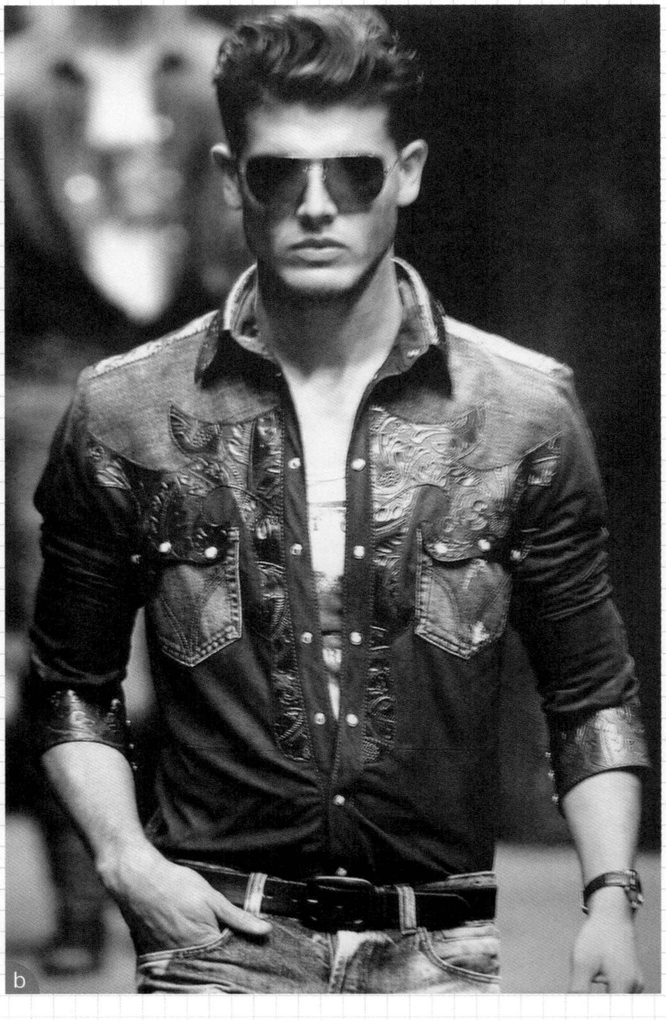
b

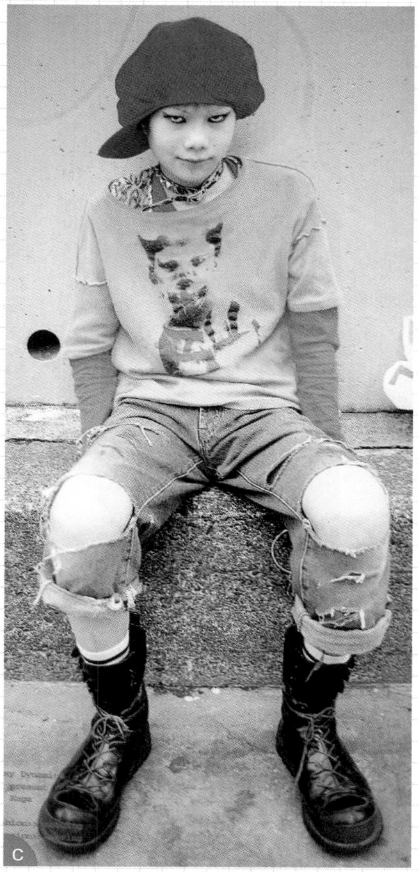
c

d

年轻人朝气蓬勃充满幻想，活跃的思想乐于接受和探索新鲜的意识和事物。不太健全但又特别强烈的自我意识导致他们一方面对当前流行的东西容易良莠不分的一律追逐推崇；另一方面又有着喜欢特立独行，与众不同的审美心理，甚至达到对某一种极其冷僻的特殊图案形象偏执般的狂热！所以为他们设计服饰图案在图形素材，组织形式，装饰部位，风格手段上最为多种多样且变化频率极快！这种既有时尚共性又有别致个性的矛盾心态，为设计增加了许多的不确定性。那些太过规律性的设计方案，在一个盛行着“穿越”幻象和“火星文”叙事的网络文化环境下长大的青年人那里，往往会以失败告终。

中年人的心理在各个方面已经成熟并趋于稳定，虽然还保持着年轻人的敏感和热情，但在大部分情况下表现出的是平实的持重感。服饰图案追求简洁高雅的精良品位，注重时尚却不再张扬花哨；在使自己显得年轻的同时又透出内在的沉稳端庄；图案数量相对偏少，并具有典雅考究的特点；在形式上以点状，线状应用较多，偏重品牌标志和植物形象做图案，喜欢运用抽象风格，色彩不宜复杂。

老年人的心理也具有两面性。一方面丰富的人生经历使他们更加宽容豁达，所以在图案选择上多看中自然高贵，得体稳重的风格，色彩沉稳且图案含蓄；另一方面从激发活力和补偿心态来说，他们又有偏爱图形饱满，色彩鲜艳的倾向，就是所谓的“老来俏”。

另外，由于功能、场合等的不同，服饰图案的运用也会有所不同。比如严谨的工作，温馨的家居，隆重的婚礼，浪漫的晚宴等不同的场合，设计者会运用不同的图案突出服饰或者精明干练，或者庄重典雅，或者温馨高贵，或者华丽妩媚的不同感觉。

一个成熟设计师的作品，更是会在坚持总体风格不变的前提下，根据不同的年龄段表现出不同的心态细节变化选择服饰图案，如图2-1-2所示。

图2-1-2
主观心理构思方法

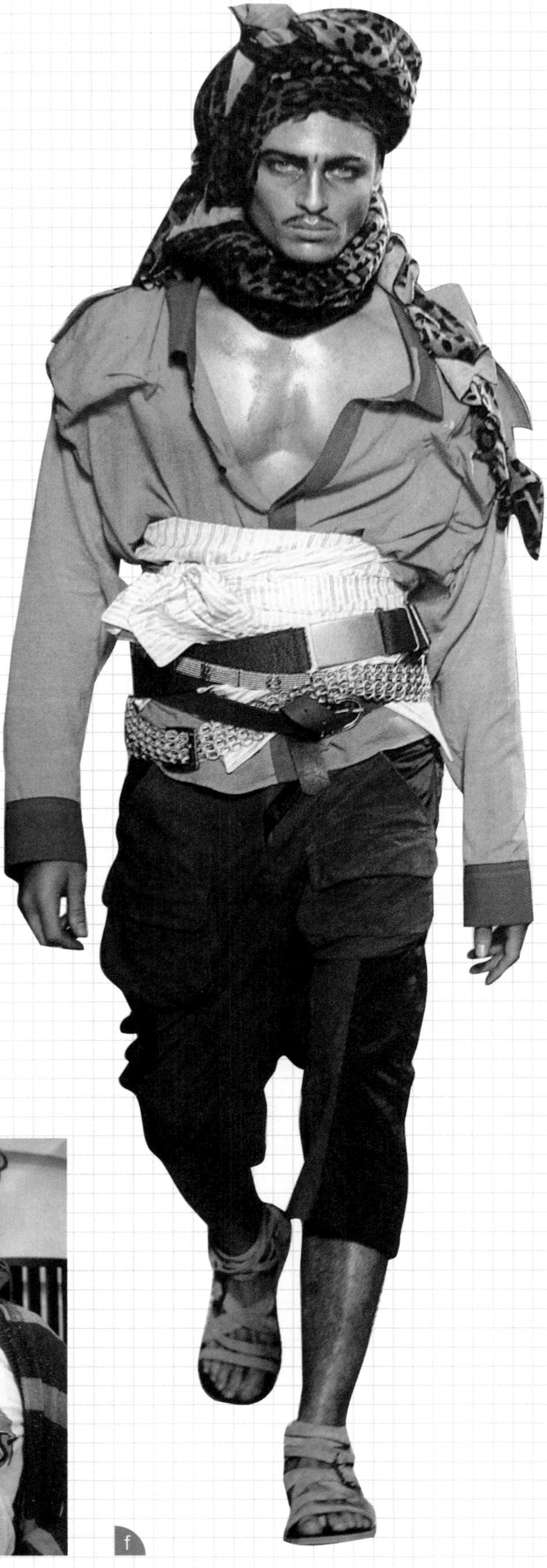

第二节 服饰图案的设计原则

一、从属性

服饰图案的从属性是指：服饰图案的设计方案要为服装的总体设计目的服务。就是要根据已经确定的款式，面料，色彩，工艺，造价等条件，综合考虑以上诸多因素之间的合理关系，来确定服饰图案的最终方案，如图2-2-1所示。

a

图2-2-1
服饰图案的从属性

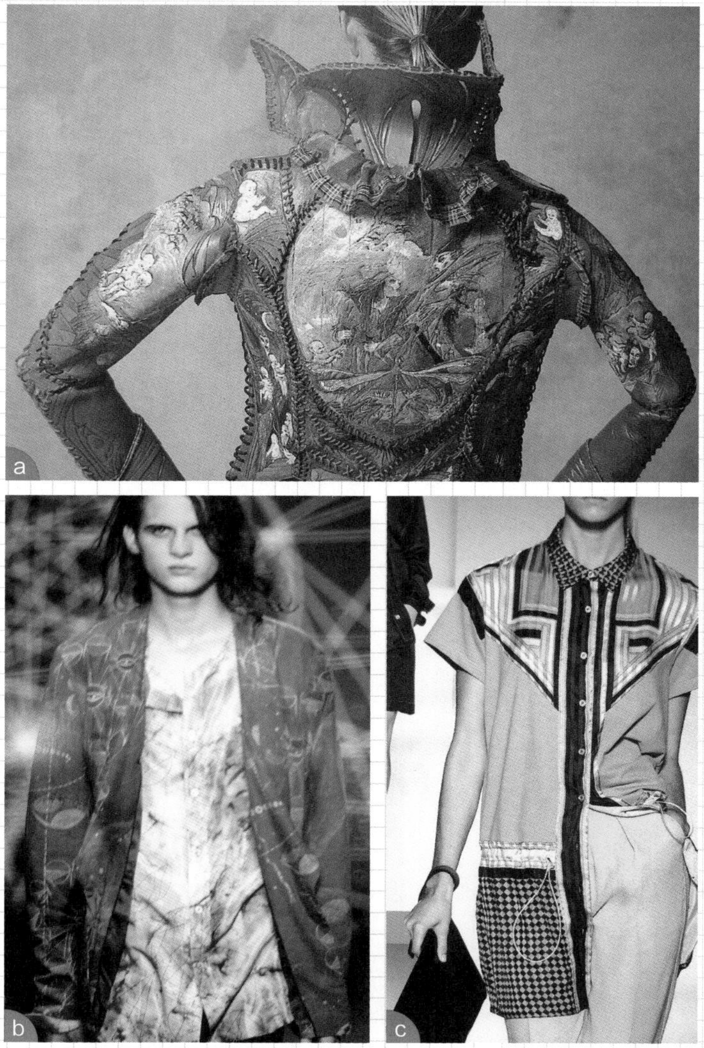

二、统一性

服饰图案的统一性含义包含两个方面：一是服装图案与附件，配件图案的统一，即与头巾，围巾，领带，鞋，帽，首饰，纽扣，腰带，手包等图案的统一，以便达到整体和谐，完整划一的效果；二是服饰图案与着装者，环境的统一，即服饰图案的内容，大小，色彩，风格的设计，要根据着装者的体型（胖瘦，高矮，溜肩等），性格（急慢，冷热，孤僻等），场合（婚丧，节庆，晚宴等）的需要来设定，以便达到既符合通常规律，又满足个人特殊需求的效果，如图2-2-2所示。

图2-2-2
服饰图案的统一性

三、审美性

服饰图案的审美性是它存在的根本属性。它表现在，其一：增加图案装饰手段后一定要比增加前更美，否则毫无意义，如图2-2-3所示。其二：在能够满足一般装饰美化的基础上，还能够表现出着装者和设计师对服饰的时尚性，个性，风格，品位的追求和理念表达，如图2-2-4所示 。

图2-2-3
服饰图案的审美性1

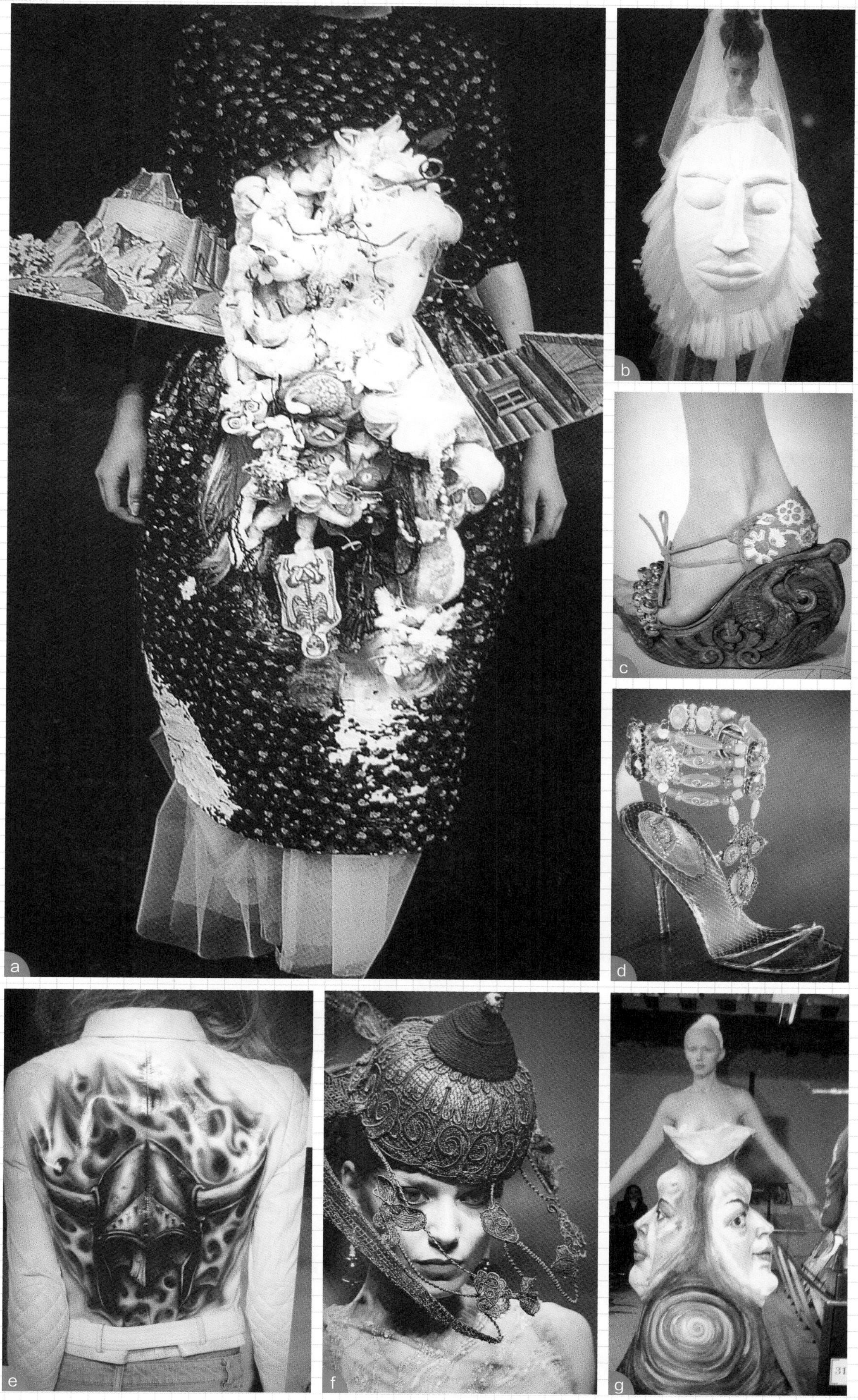

图2-2-4
服饰图案的审美性2

第三节 几种常用的服饰图案组织形式

完整的服饰图案组织构成形式，既包括了图案自身（局部）的组织形式选择安排，也包括了图案在服装上（整体）的构成组织状态。它根据设计目标的表现要求，往往呈现出一种复杂的、多层次、变异的、综合性的组织构成关系。它绝不是几个标准的单独图案，连续纹样的简单相加。

以下介绍的几种组织形式，只能适用在一般技术层面解决服饰图案的组织问题，以及各自有什么表现特点和优势，并不涉及深层次如何根据设计目的要求和个性风格表现的需要，而使用何种图案，何种组织，进行合理的变异组合，演绎拓展和理念表达的技巧。我们会在后面的章节专门讲解该内容。

一、点状图案

点状图案就是图案以局部小范围的状态呈现在服装上的形式，一般多为单独纹样中的自由纹样（效果较随意）和适合纹样（效果较规范）。这种“局部”点状图案有大小，方圆，单个，多个，均齐，平衡之分。点状图案总体上具有集中醒目，单纯活泼，灵动跳跃的特征，容易使图案在服装上成为视觉中心。点状图案按照组织形式又可以再细分为单一式，重复式，多元式，变异式等。在胸前，背后，腰部，肩头，臀部，膝盖，肘部运用最多，因安排位置，图案风格，骨骼样式的不同，效果也会有所不同。设计时切忌各种点状图案之间主次不分，产生令人眼花缭乱的效果，如图2-3-1至图2-3-5所示。

图2-3-1
单点式

c

d

图2-3-2
多点式

c

d

e

Regina
delle nevi
Una provetta sciatrice che mescola moderne soluzioni tecno a colori accesi e tagli anni '60
a

b

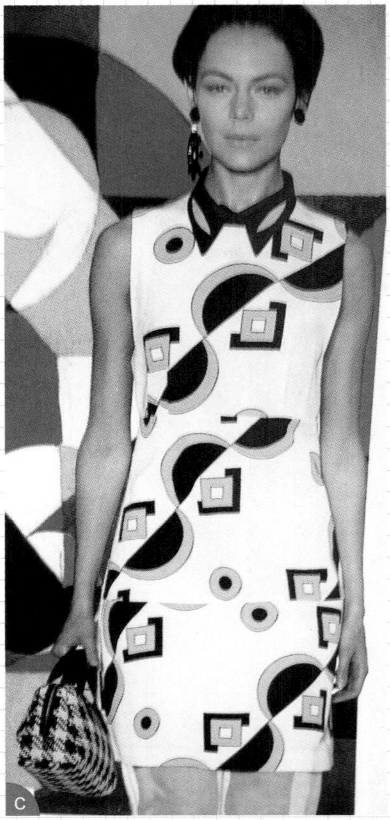
c

d

图2-3-3
多元式

图2-3-4
对称式

图2-3-5
平衡式

二、线状图案

线状图案是以服装款式边缘或某一局部的图案呈现细长状态，出现在服装上的结果，一般多为二方连续图案组成。这种“线状”有单组，多组，曲直，均齐，平衡之分，因此它具有视觉上的连贯，引导，划分，界定的作用，能够产生富有律动感，方向感，交错感的效果。尤其是在勾勒轮廓和重新分割服装原来平淡效果时，显得更加有力。以线状图案在结构线，边缘线部位装饰服装通常会增加服装典雅，精致，秀气的感觉，在领口，袖口，前襟，下摆，裙边，裤缝应用最多；而分割的作用则会因其多变的组合产生截然不同的新意。设计时切忌运用多条二方连续图案组织构图，否则会因为线条风格各异，方向混乱，分割破碎，令结果适得其反，如图2-3-6所示。

图2-3-6
线状图案

三、面状图案

面状图案就是服饰图案大量或整个铺满服装的效果。一般多为四方连续图案，或者大量单独纹样，二方连续纹样排列组合而成。它有散点，连缀，格律，重叠骨骼之分，具有极其强烈的饱满感和视觉张力。当然这种丰满充实的效果也会因为图案的密度，风格，色彩，骨骼的不同而呈现很大的区别。尤其重要的是，图案一旦充满了服装“面”就会产生“体”的效果，其视觉冲击力和分量感可想而知。设计时切忌图案单元面积过大，图案风格过分单一或过多，那样都会显得服装笨重乏味或花哨凌乱，如图2-3-7所示。

图2-3-7
面状图案

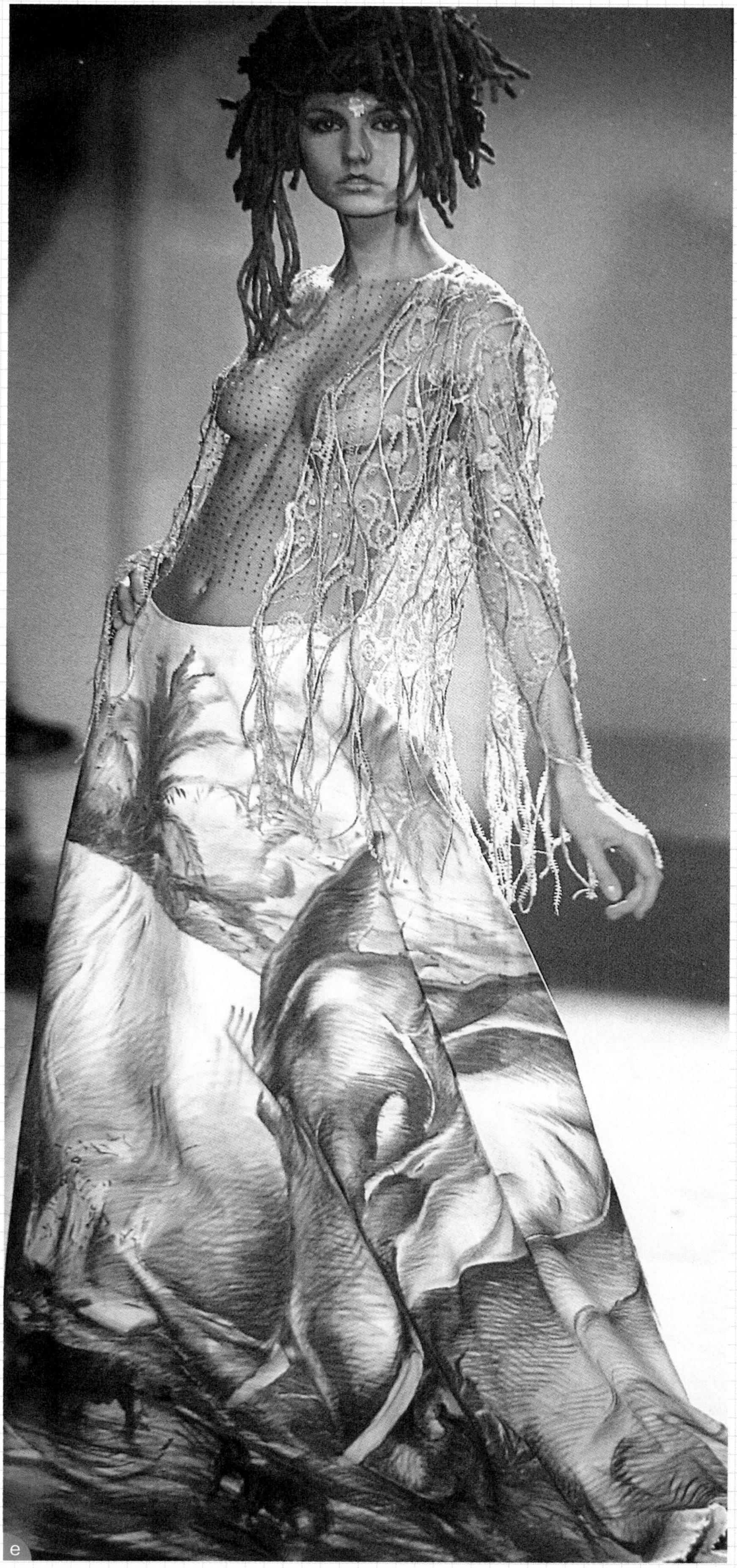
e

四、综合图案

就是把点状，线状，面状图案相互有机地结合起来运用在服装上。比如说“点线状”，“点面状”，“线面状”等组织形式。整体装饰效

a

b

果丰富多彩，变化多端。设计时各类图案之间主次关系分明，层次合理，切忌图案各自为政，相互矛盾，彼此抵消，如图2-3-8所示。

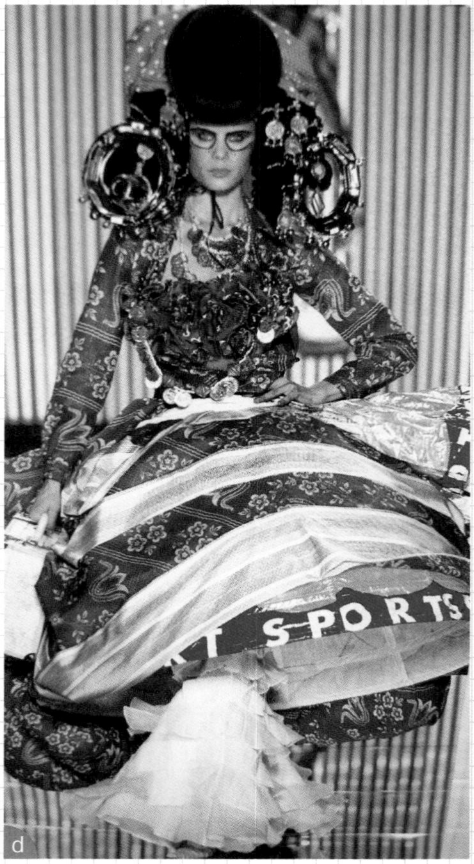
d

e

图2-3-8
综合图案

练习与思考

1. 根据构思画出点状图案，线状图案，面状图案，综合图案的草图。
2. 对服饰图案组织形式进行创新。

第四节 》服饰图案的色彩设计

色彩设计是服饰图案的重要组成部分，总体上具有强调简练夸张，主观表现，装饰流行等特点。色彩设计的合理与否决定了服饰图案最直接外化的视觉效果。尤其对普通消费者来说，他们最容易被色彩打动和征服。

服饰图案色彩兼具装饰性、从属性，它源于生活又高于生活，必须受到既定服装设计理念的限定。附着设计总的意向框架合理展开，它必须从设计师无限独特而多变的感性色彩感觉中，走向具体有限的实际范畴。

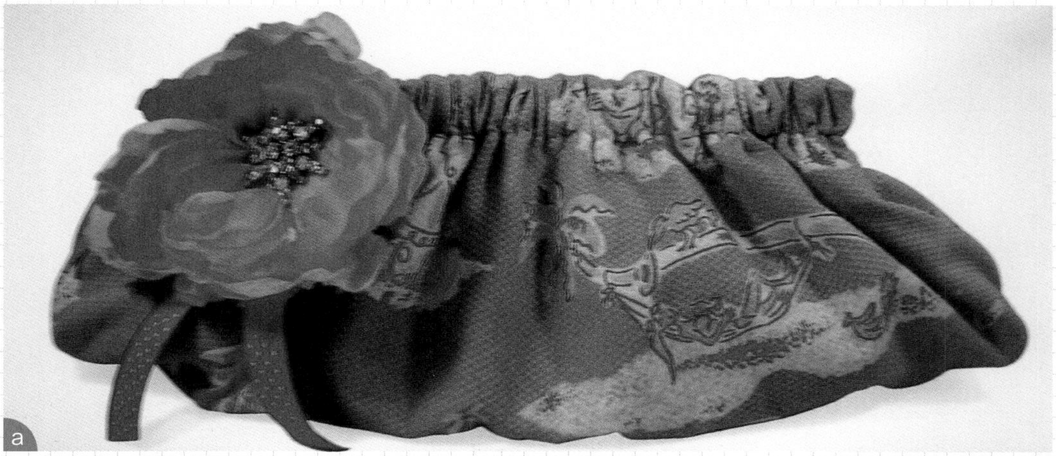
a

b

c

一、服饰图案色彩的设计方法

1. 复原概括法

复原概括即是服饰的色彩，直接照搬运用现实形象固有的色彩关系，同时要做一定的概括处理（抓住形象主要的色彩面积比例关系，减去次要的色彩，省略色彩套数）。比如说表现郁金香花图案，就用红色系列若干为花；绿色系列若干为叶的补色色相关系表现整体色彩效果；表现江南就用黑，白，灰色系为主色，黄绿等若干色相系为次色组合。这种尽量保持原形象的色彩主体面貌，使观者和使用者容易引起共识，让人感到真实，熟悉，亲切。它是服饰色彩设计最基础，最常用的一种方式，虽然看似简单，只要是符合设计理念需要，绝无过时与否之说，如图2–4–1所示。

图2–4–1
复原概括法

2. 置换变异法

就是服饰色彩的处理，源于对某种现成色彩关系的置换使用（对原有形象的色彩配置面积，位置，色调等关系进行改变）。它往往会导致模糊甚至消除原有形象元素的色彩感觉，目的是使服饰色彩更加自由宽泛地表达设计意图，其本质是一种抽象性的组合。它并没有彻底抛开原型，而是组织成与原型若即若离的结果，使服饰色彩富有暗示性，从而令使用者产生丰富的联想和想象，得到一种似与不似之间的美妙感觉，如图2-4-2所示。

图2-4-2
置换变异法

a

b

c

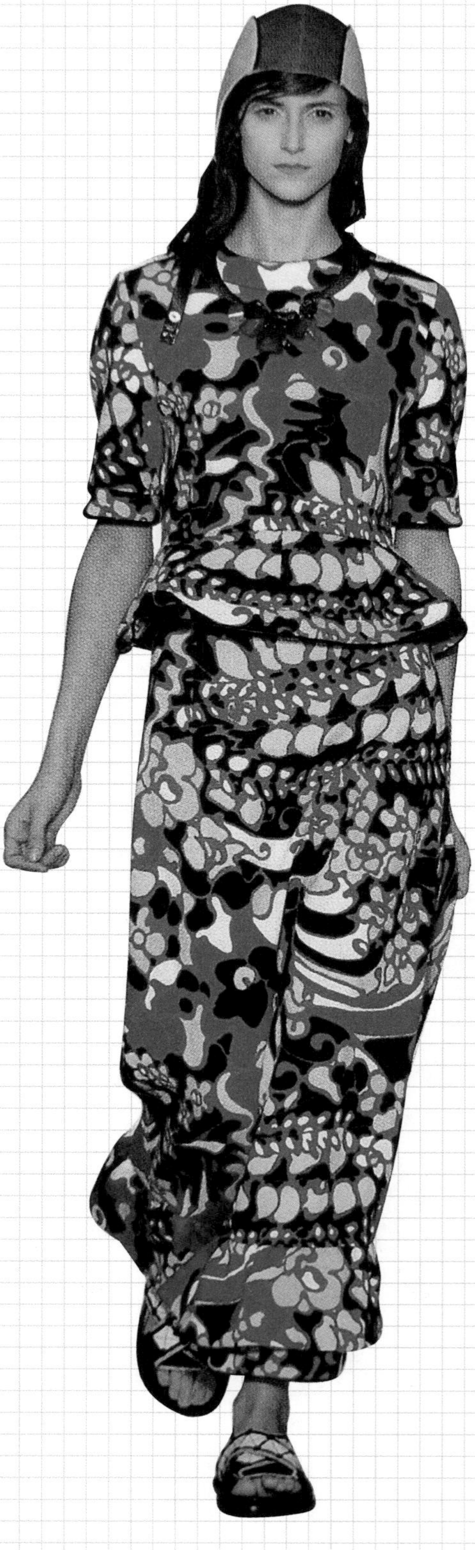

d

3. 主客观创造法

主客观创造法是服饰色彩的设计完全根据各种实际要求或创作理念的需要来确定。比如客观的流行色，服装类别，造价成本等因素决定了色彩的设计；比如主观的设计师个性，心理，修养等因素决定了色彩的设计。它们的共同点就是色彩设计

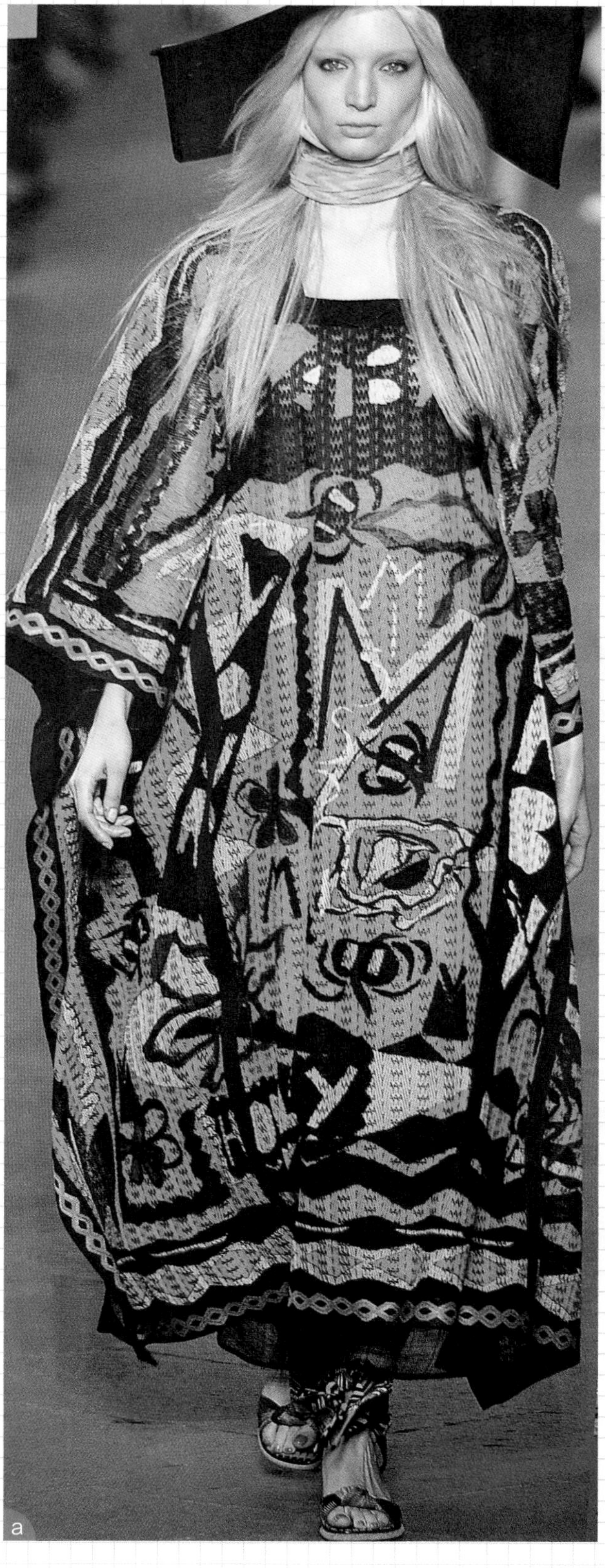
a

b

c

出发点都不是对表现业已存在的色彩视觉关系和经验进行再次利用加工，而是把创作源头直指消费者和设计师的心灵深处，如图2-4-3所示。

d

e

f

图2-4-3
主客观创造法

二、服饰图案色彩设计的常用技巧

1. 以色相为基础的服饰色彩设计

即以某一色相为基础的色彩配置方法。

（1）同类色相配置，就是把同为某色系列的各种颜色组合在一起的色彩配置。比如把大红，桃红，深红，紫红，玫瑰红，土红等组织在同一款服饰图案中，可以称其为红色调。它的特点是统一中只有极小变化，强调了红色系列的欢快热烈，浓重端庄的特点。其他的如蓝色调，紫色调，绿色调同样如此，只是各自的色彩表情特点不同罢了，如图2-4-4所示。

（2）对比色相配置，就是在色相环上取相隔90°~120° 的两个色相，例如把以某种红色为主调配出的一组色彩，和以某种黄色为主调配出的一组色彩，组织在同一款服饰图案中的色彩配置。它的特点是对比性比较强，适合表达热情奔放，动感强烈的色彩情调。其他的如绿色组配置蓝色组；黄色组配置蓝色组效果同样如此，如图2-4-5所示。

a

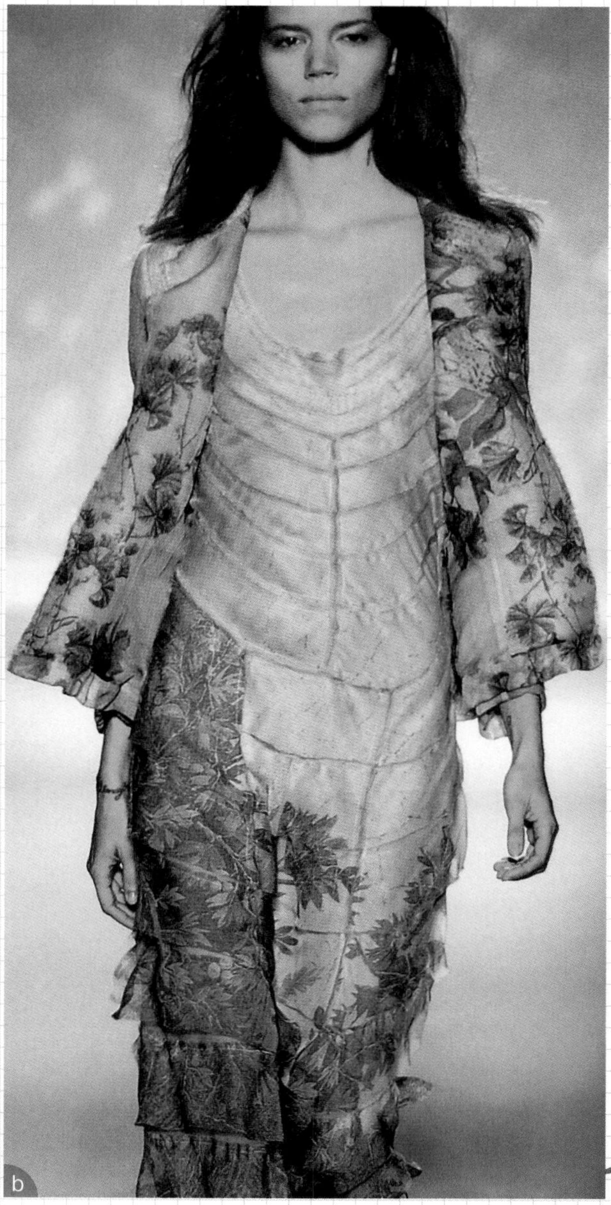

b

图2-4-4
同类色相配置

c

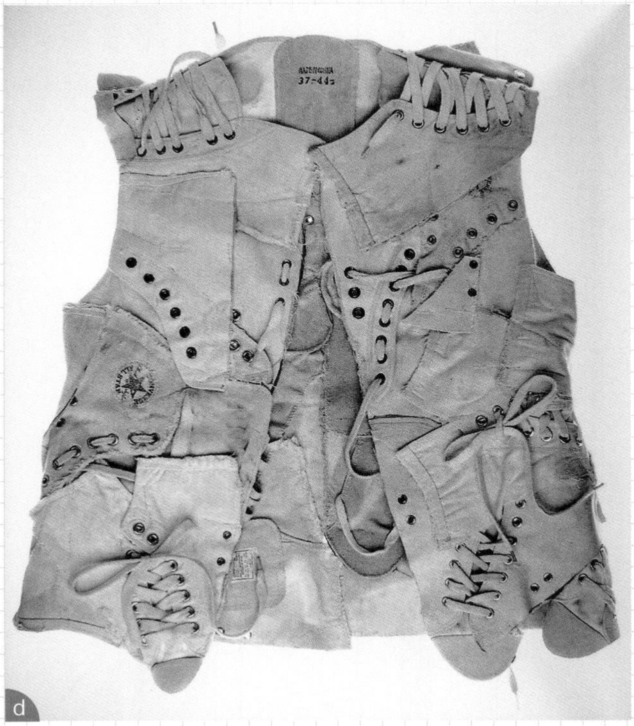
d

e

图2-4-5
对比色相配置

（3）补色色相配置，理论上说就是在色相环上取相隔180°的两个色相进行对比。例如把以某种红色为主调配出的一组色彩，和以某种绿色为主调配出的一组色彩，组织在同一款服饰图案中的色彩配置。它的特点是对比性强，适合表达极端强烈，反差巨大的色彩情调。其他的如最典型的黄色组配置紫色组，橙色组配置蓝色组同样如此，如图2-4-6所示。

d

e

（4）色相过渡配置，就是把某一色相逐渐加入另一色相，所得到的一组色相渐变配置。比如由绿色逐渐过渡到土黄色，一般以九个色阶为标准，色阶越多，变化越细腻。将其组织在同一款服饰图案中，特点是变化丰富，过渡自然。适合表现韵律感的情调，如图2-4-7所示。

图2-4-6
补色色相配置

a

b

图2-4-7
色相过渡配置

2. 以明度为基础的服饰色彩设计

就是以某色为基础（比如紫色）分别逐渐加入白色或黑色，使之调配出一系列从淡紫色到深紫色的紫色系列色彩配置。一般以九个色阶为标准，色阶越多，变化越细腻。然后再把这些色彩按照不同的深浅组合，就能得到高短调，中短调，中长调，低短调，最长调等多种不同的明度调试配置。一般高短调适合表现清新，柔和，高雅的感觉；中短调适合表现稳重，得体，安宁的感觉；低短调适合表现沉着，内敛，封闭的感觉。以上的各种感觉和选择哪种色相无关，是服饰色彩中最基础，最简单，最实用的色彩设计配置技巧，如图2-4-8所示。

图2-4-8
以明度为基础的服饰色彩设计

3. 以纯度为基础的服饰色彩

就是以某一色或数色的纯度变化为主，组合出高纯度，中纯度，低纯度，鲜灰度等不同的色彩组合。比如都是以纯色组合配置而成的高纯度服饰图案色彩，适合表现艳丽，单纯的感觉；以低纯度组合配置而成的服饰图案色彩，适合表现沉重，压抑的感觉；以画面中每一个色彩纯度都不相同的鲜灰度色彩配置的服饰图案色彩，适合表现空间层次，迷幻的感觉，如图2-4-9所示。

图2-4-9
以纯度为基础的服饰色彩设计

a

b

c

d

练习与思考

1. 运用复原概括，置换变异，主客观创造的方法设计图案色彩。
2. 运用明度，纯度，色相的属性对比设计图案色彩。
3. 色彩的调和运用。
4. 掌握色彩的抽象性表达。

第五节 服饰图案的训练步骤

在服饰图案构思基本酝酿成熟之后，就可以起稿创作了。通过多年的教学实践，我认为把设计训练分成两步最为合理。第一步是黑白服饰图案设计的绘制，因为服饰图案训练中的图案细节很多，把它们详细地描绘在纸面上才能准确地反映出你的设计预想，比如图案的比例，疏密，风格等，简单的草图作用不大，而且为第二步色彩的表现打下一个良好的基础，下面分别介绍。

一、服饰图案黑白部分的设计训练

a

1. 以装饰美化为目标的设计训练

此训练为服饰图案设计的初级阶段，其目的是通过技术层面，在服装上合理地安排好点状，线状，面状的图案，达到装饰美化服装的作用。

具体做法是首先随意选择一款造型简洁的服饰，再选择常用的花卉类，植物类图案分别对其进行点状，线状，面状的装饰组织安排。一般情况下装饰了图案的服饰会变得比未进行装饰的服装更好看，如图2-5-1所示。

2. 以表现时尚理念和个性感觉为目标的设计训练

此训练为服饰图案设计的中级阶段，其目的是通过在表现流行时尚理念和个性感觉为目标的层面上，在服装上安排好点状，线状，面状图案的特殊组合，达到充分表现设计师对共性和个性审美观念的精确捕捉。

具体的做法是首先特意选择一款与装饰意图比较接近的服装，再把表现流行时尚理念和个性感觉最有力的图案形象，在服装上很恰当地安排好或点状，或线状，或面状图案的特殊组合。此情况下完成的图案装饰效果，能在具备较好装饰美感的基础上，体现出人的更加内在的审美内涵，如图2-5-2所示。

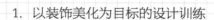

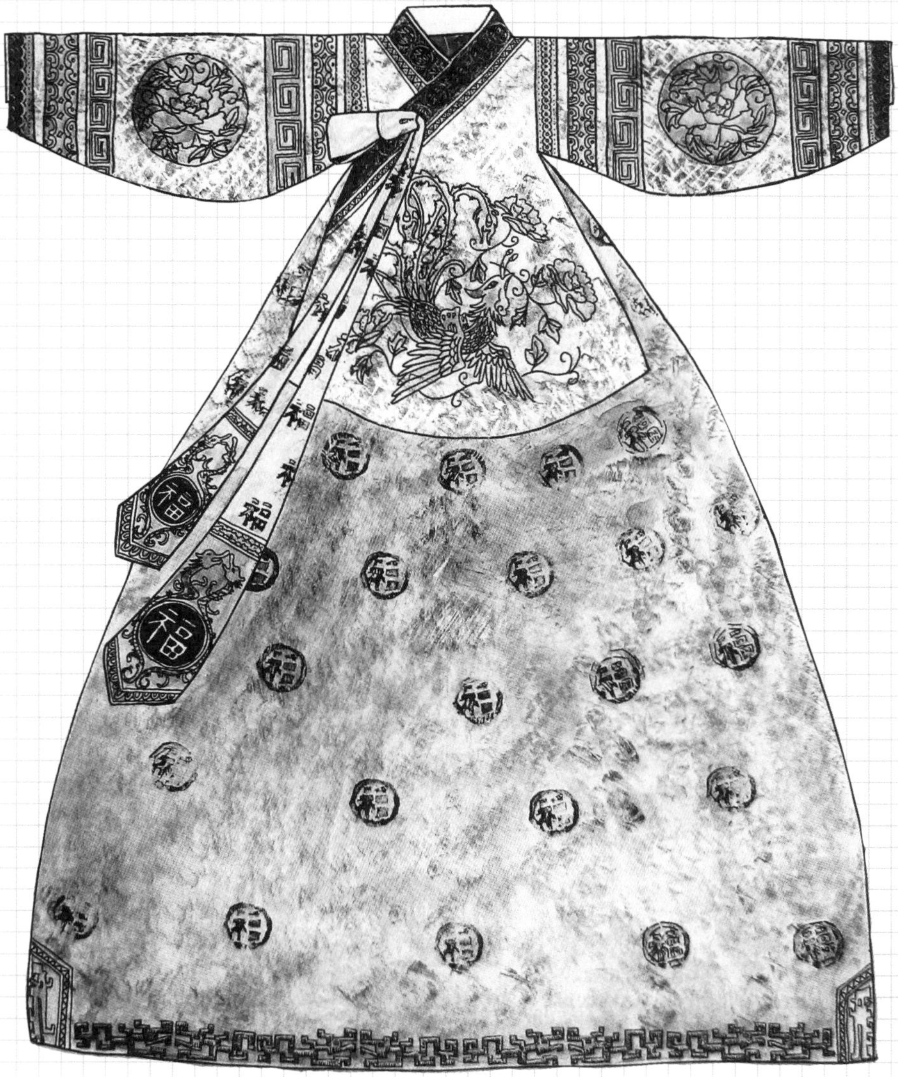

b

c

d

图2-5-1
以装饰美化为目标
的设计训练

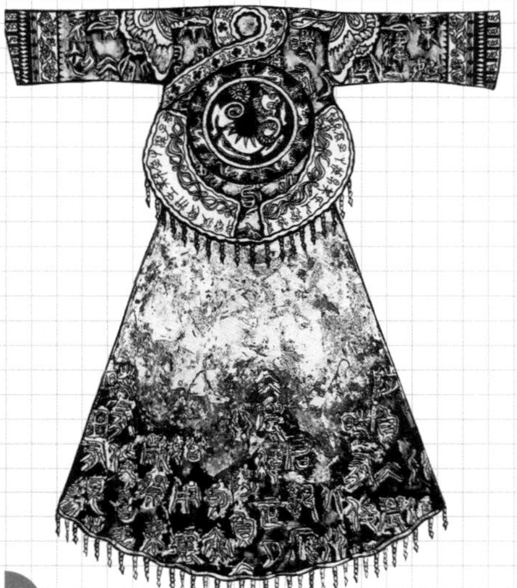

e

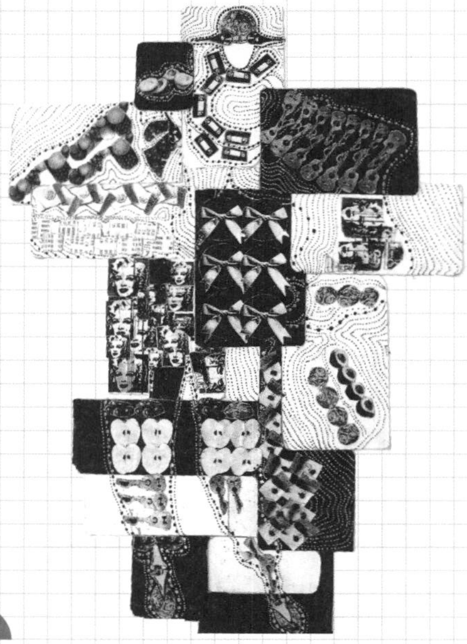

f

g

a

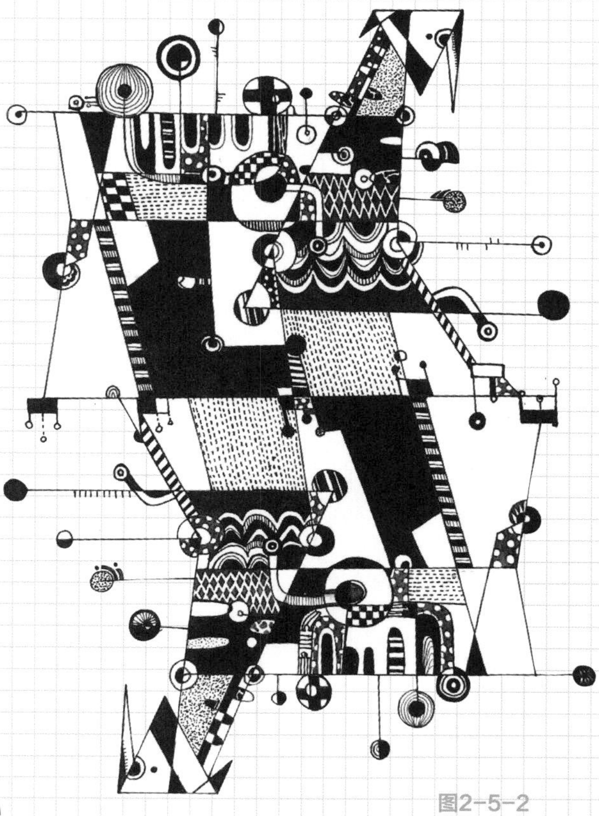

b

图2-5-2
以表现时尚理念和个性感觉为目标的设计训练

c

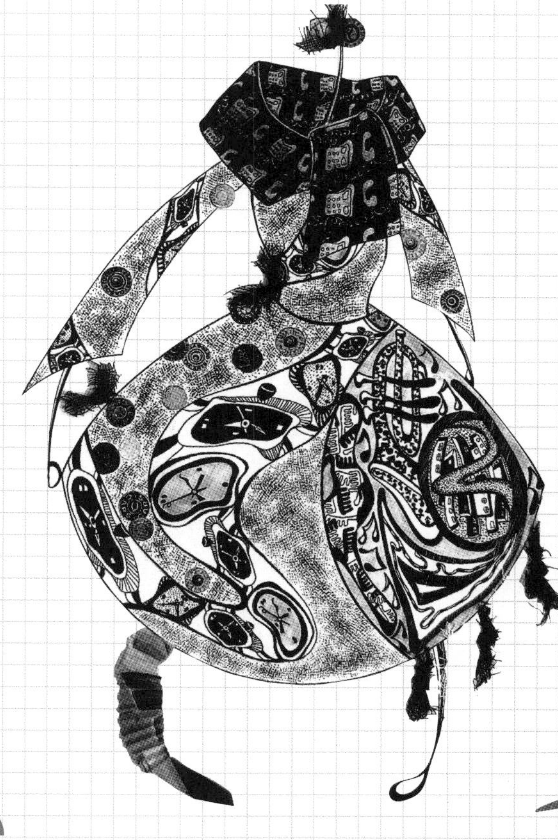

d

二、服饰图案色彩部分的设计训练

在服饰图案完整细致的设计稿完成之后，根据作者对设计理念的表现需要，会将色彩和技法的表现因素综合考虑，形成一个比较清晰的计划。其中首先包括主客观情调的定位，色相，明度，纯度，大体色彩数目等；其次是安排诸多表现元素之间的主次关系，表现技法的程序等，至此才算完成一个服饰图案相对完整的设计训练。当然，最终的效果可能很不错，也可能效果不佳。所以任何设计训练，都是一个反复推敲逐步提高的过程。

服饰图案色彩部分的设计训练是服饰图案训练的高级阶段，它从一开始就围绕着服饰图案是为整体服饰服务的中心，运用灵感，情绪，流行等因素综合表现出服饰图案的意义所在，如图2-5-3所示。

a

b

c

d

e

f

g

h

i

j

k

l

m

n

q

o

p

r

s

u

t

v

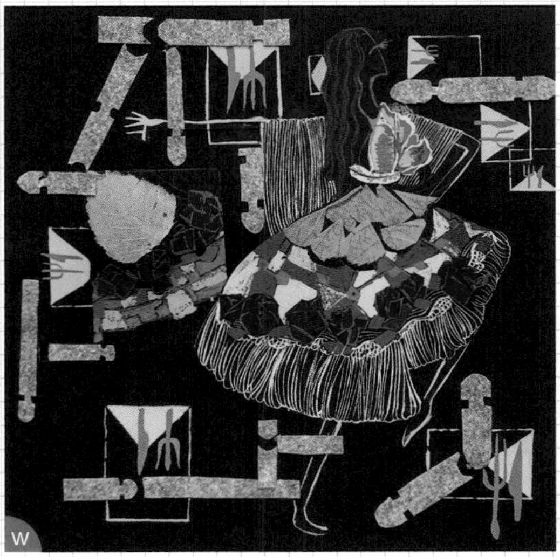
w

x

y

图2-5-3
服饰图案色彩部分的设计训练

练习与思考

1. 分别以装饰美化和表现时尚理念，个性感觉为目标设计服饰图案。
2. 根据设计主题的需要，设计整体服饰图案方案。
3. 服饰图案的构思源泉。
4. 服饰图案的民族性和时尚性的合理结合。

Dress
Patterns'
Illustrate

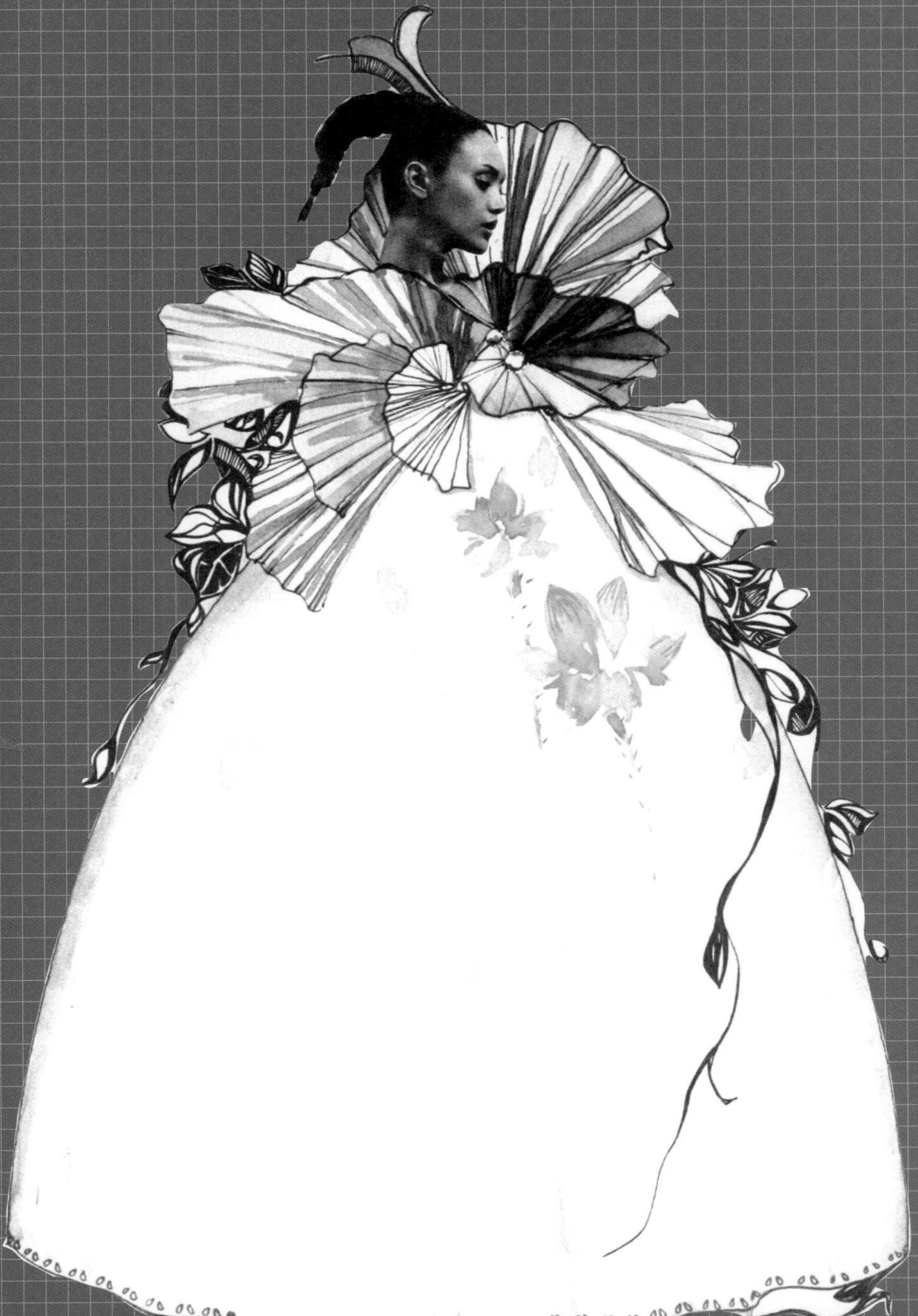

第三章

服饰图案效果图的表现方法

以表现服饰图案为主要目的的效果图，与通常的服装效果图在表现步骤，技巧上没有本质的区别，只有侧重点的差异。但是为了充分展示图案元素部分的意图和细节，它在构图姿态，角度部位，描绘重点等要素的选择上确实略有不同。特点和原则是更有利于图案元素的表达。常用的表现技法有以下几种。

第一节 水彩画技法

此技法方便快捷，可以先用铅笔，钢笔，炭笔起稿然后上色。它要求作者对水彩画技巧有一定的修养，否则水分的渗染特色不容易控制和发挥出来。缺点是色彩透明艳丽不能过多的修改，技巧性高，有偶然性，如图3-1-1所示。

a

b

图3-1-1
水彩画技法

第二节 » 麦克笔技法

此技法是所有效果图技法中最快速的。可以先用铅笔，水性笔起稿，熟练者更喜欢直接用麦克笔较细的一端直接完成画面。特点是潇洒帅气，挺拔硬朗；缺点是不适合细腻的图案形象表现，"笔感"僵硬，色彩混合感差，如图3-2-1所示。

图3-2-1
麦克笔技法

第三节 水粉画技法

此技法的特点是表现范围广，薄，厚，干，湿变化丰富。画风由粗犷简约到细腻精致，从写实装饰到抽象表现均可随意控制。色彩层次尤其丰富，各种肌理效果制作性极强，特别适合以服饰图案为主体的效果图表现需求，缺点就是描绘时间稍长，如图3-3-1所示。

图3-3-1
水粉画技法

第四节 炭笔色粉笔技法

此技法能够充分发挥起稿阶段炭笔正、侧笔锋角度变化所带来的丰富线条质感，再加上色粉笔后期上色阶段独具特色的揉色，叠色技巧，非常适合皮毛类等服装特殊质感的表现。缺点是画的过程中和画完后要适时的喷洒定画液，否则因为色粉固定性差的原因，会出现容易脏且不利保存的现象，如图3-4-1所示。

a

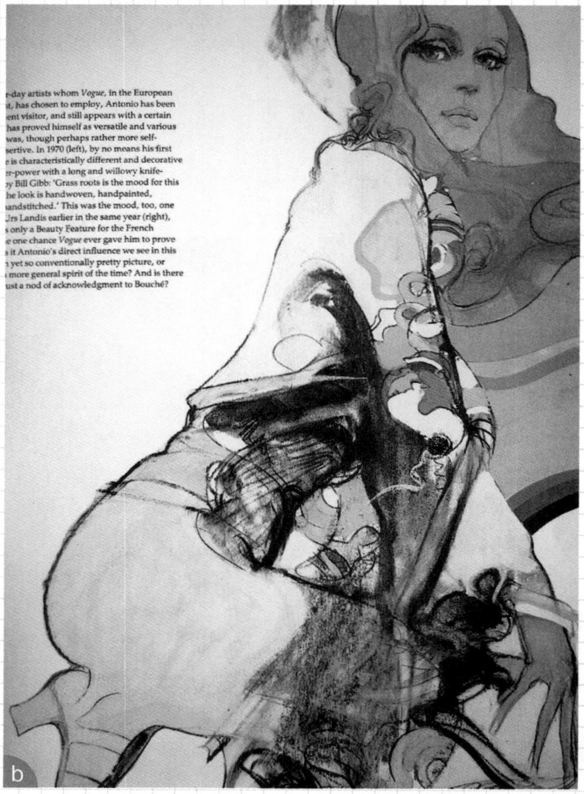

b

c

图3-4-1
炭笔色粉笔技法

d

e

f

第五节 电脑技法

运用电脑技巧制作效果图的技法是未来的主要趋势。因为它的描绘，修改，储存，变化都十分方便，尤其是各种面料材质的素材储存极其丰富，逼真程度更是手绘无法比拟的。但是它要求作者有很好的电脑专业操作功底，否则画面效果会显得呆板木讷，千人一面，如图3-5-1所示。

MOUNTAIN

2007
APRI
28

图3-5-1
电脑技法

第六节 综合技法

就是先用以上任何技法中的一种，先画一个基础稿，然后根据表现主题的需要，一方面运用覆盖性强的油画棒，蜡笔，丙烯色等工具；另一方面运用贴，印，刻，烧等技巧，再次加以充分表现的技法。此技法要注意多种表现手段之间的主次关系处理，不可以过多的叠加技法，以免画蛇添足，造成画面效果的混乱，如图3-6-1所示。

图3-6-1
综合技法

练习与思考

1. 分别掌握各种效果图表现技法。
2. 尝试用技法风格的独创性进行创作。

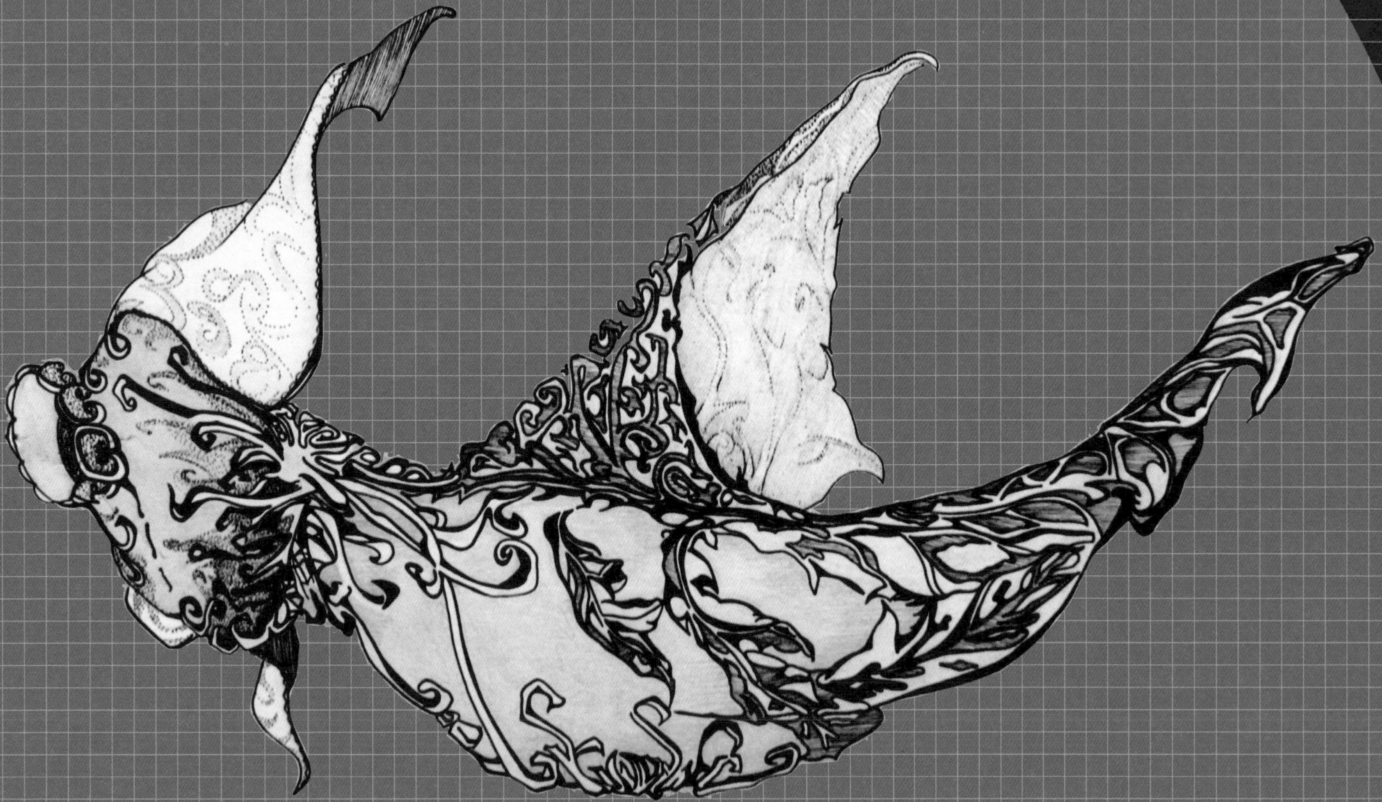

Appreciation of
Dress
Patterns

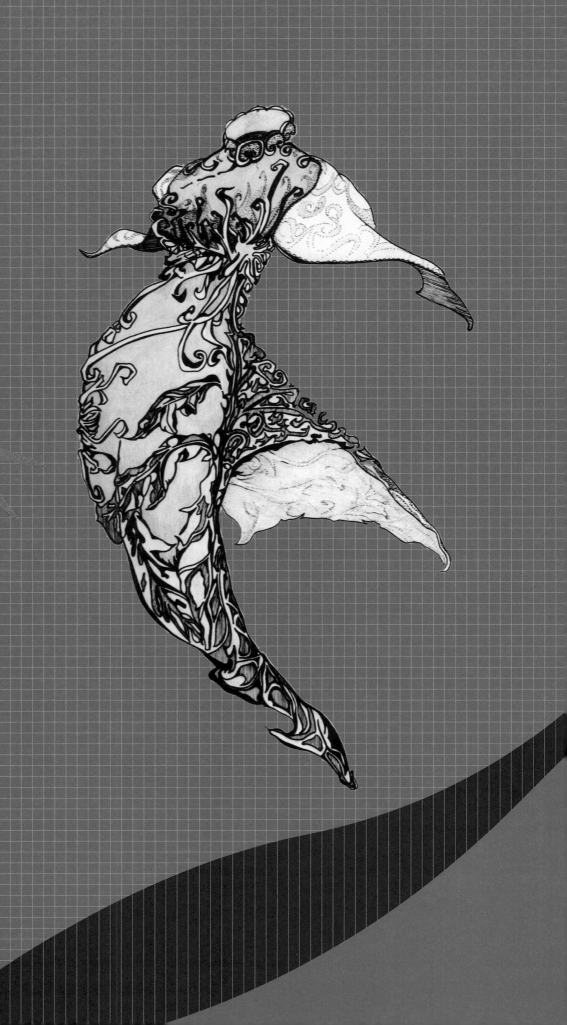

第四章
服饰图案的作品欣赏

第一节 » 学生作品部分

一、当代风格

图4-1-1

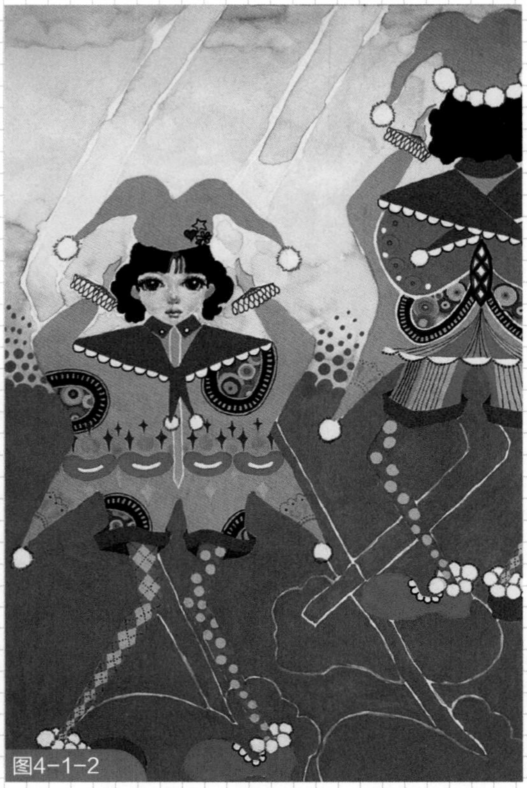
图4-1-2

图4-1-3

图4-1-4

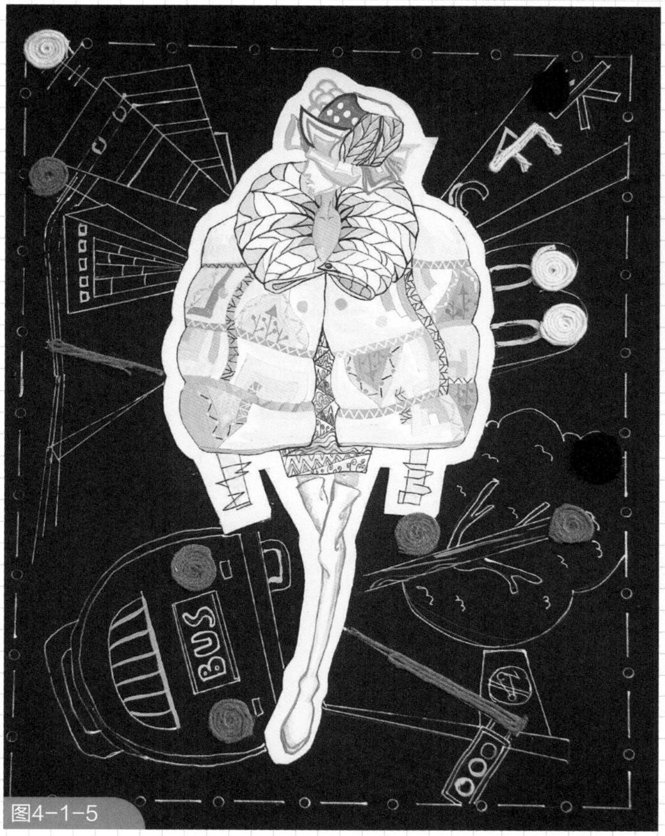

图4-1-5

图4-1-6

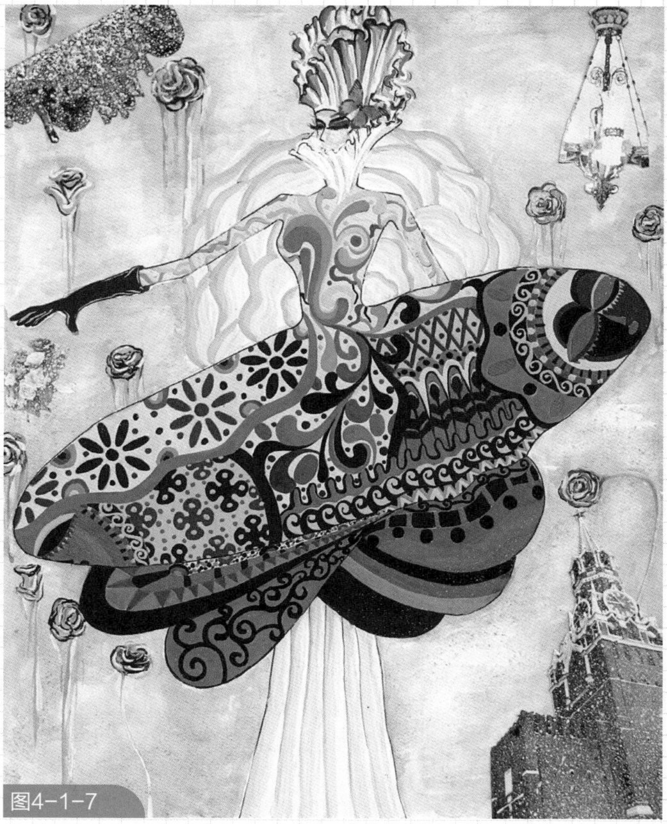
图4-1-7

图4-1-8

图4-1-9

图4-1-10

图4-1-11

图4-1-12

图4-1-13

图4-1-14

图4-1-15

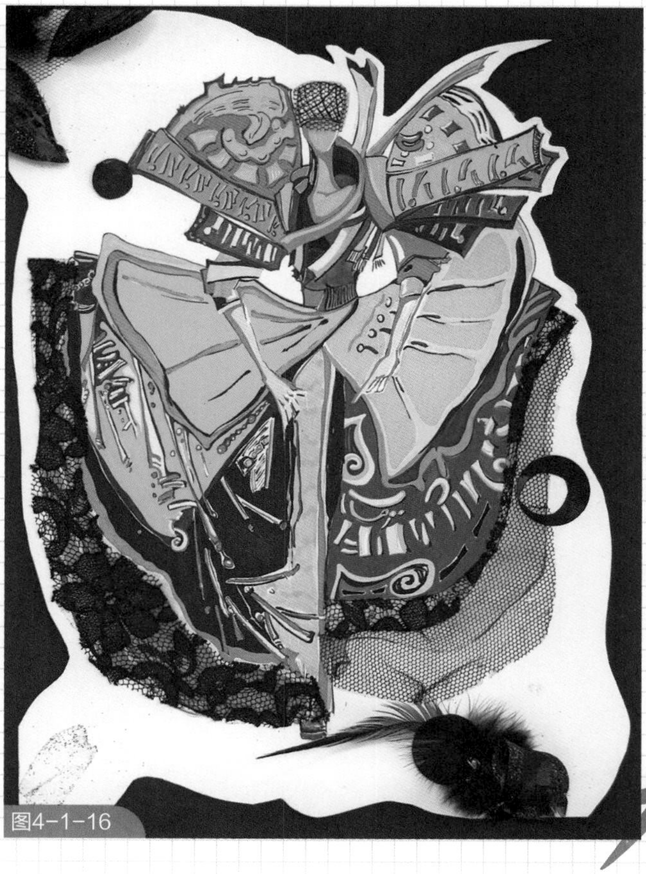

图4-1-16

图4-1-17

图4-1-19

图4-1-18

图4-1-20

图4-1-21

图4-1-22

图4-1-23

图4-1-24

图4-1-25

图4-1-26

图4-1-27

二、民族风格

图4-1-28

图4-1-29

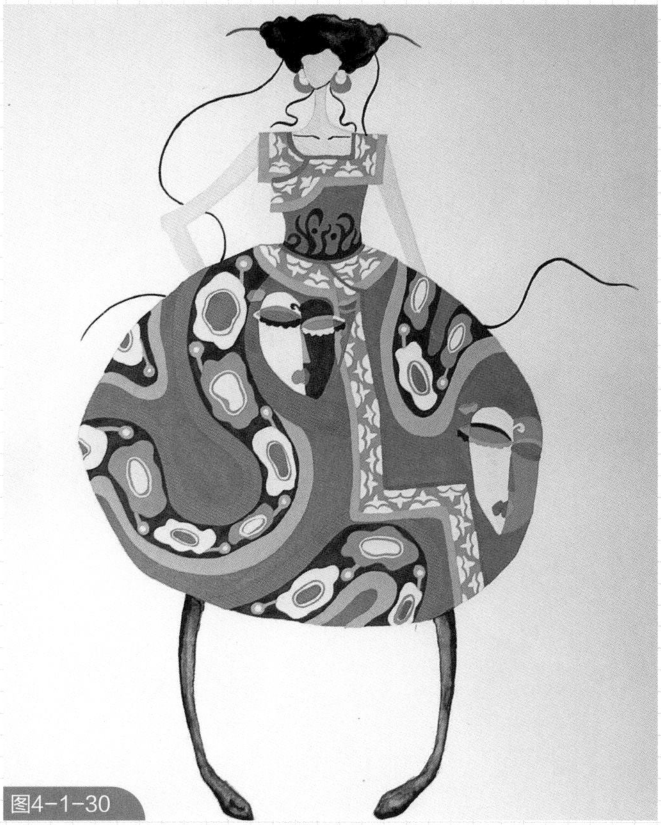

图4-1-30

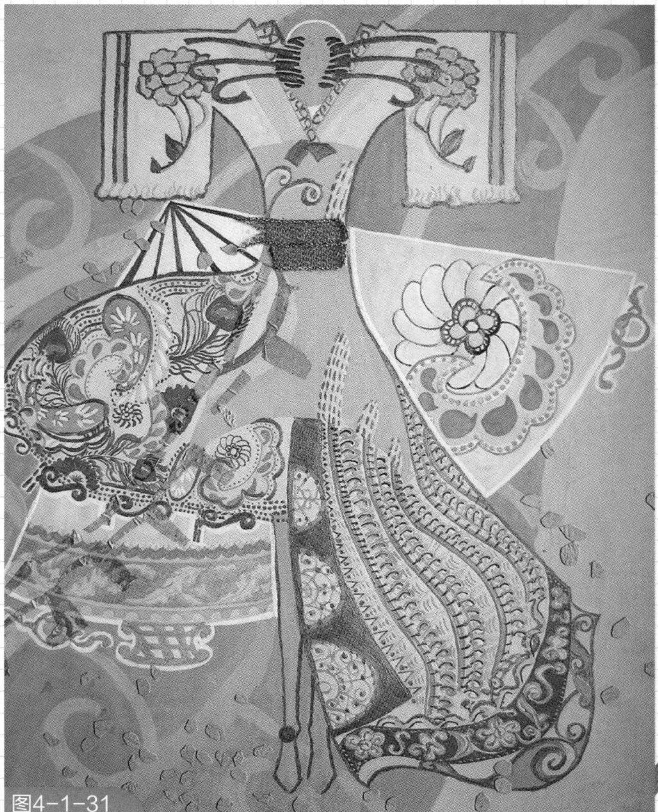

图4-1-31

图4-1-32

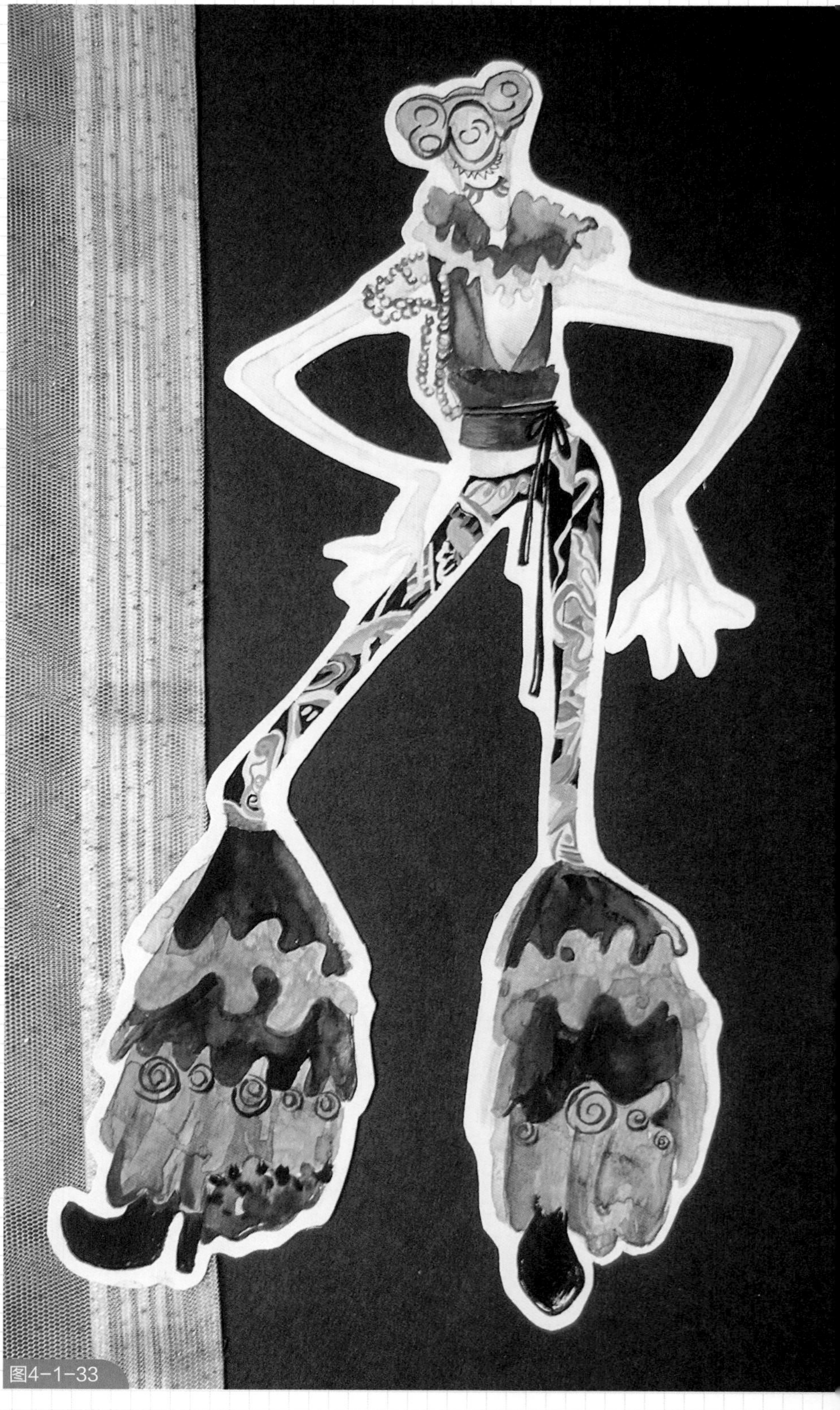
图4-1-33

图4-1-34

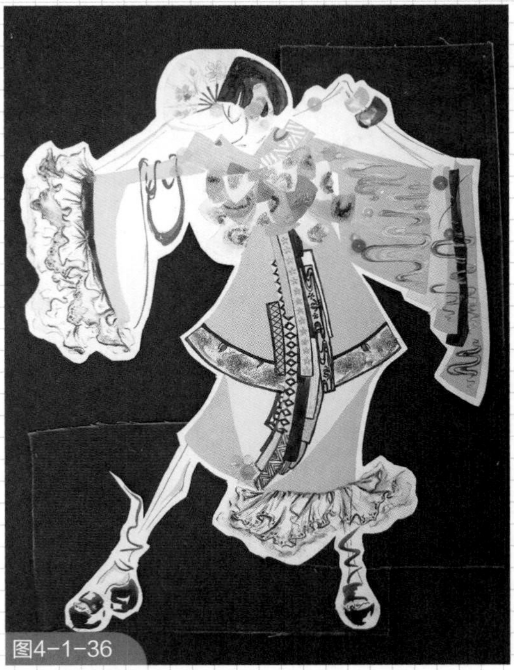

图4-1-36

图4-1-37

图4-1-35

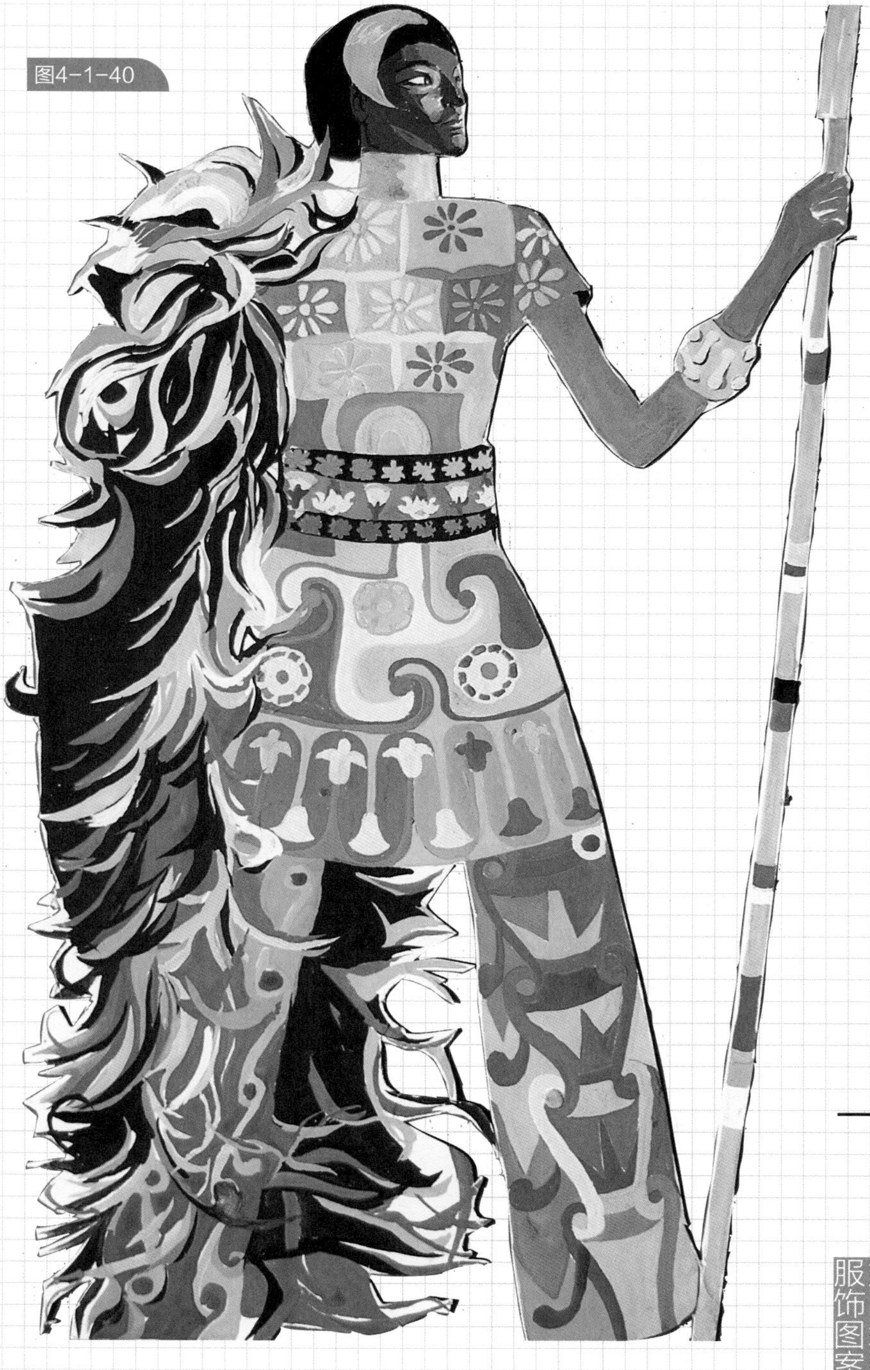

图4-1-40

图4-1-38

图4-1-39

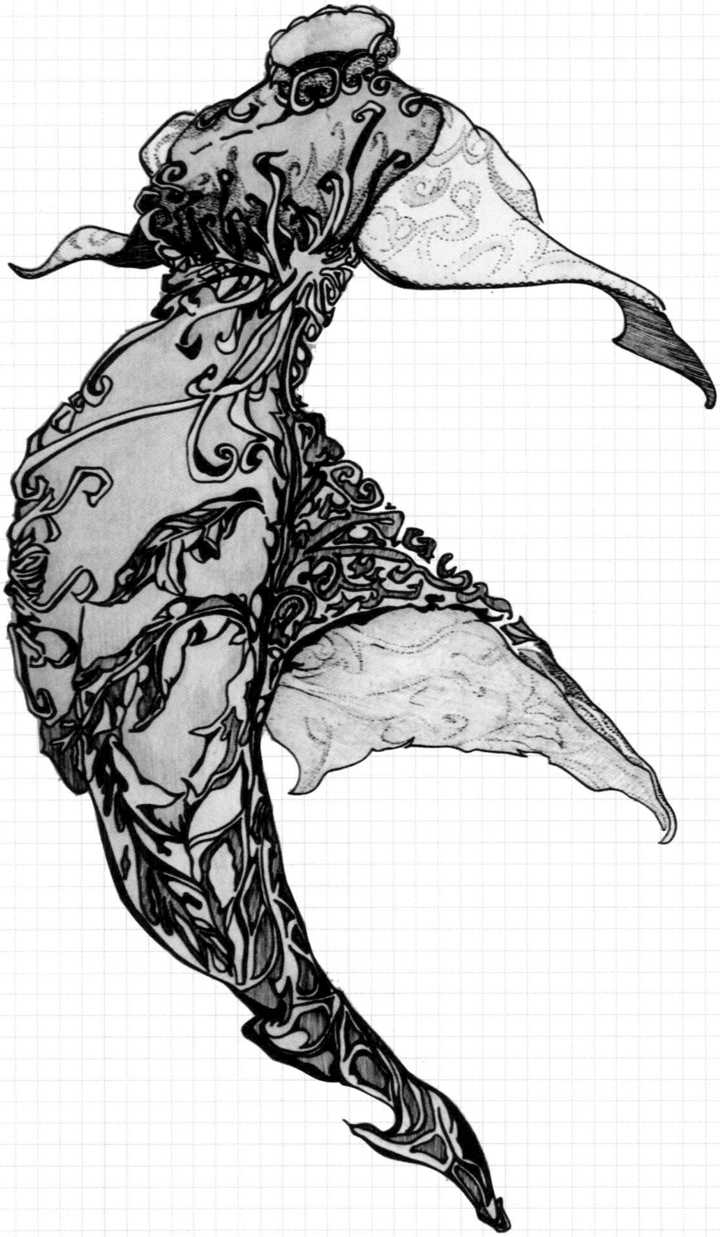
图4-1-41

图4-1-42

图4-1-43

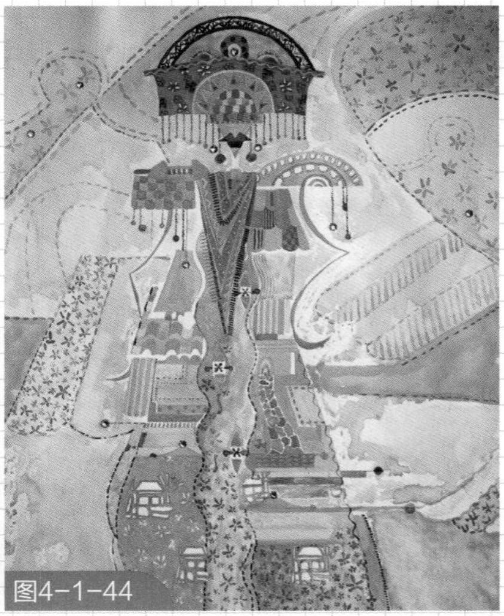
图4-1-44

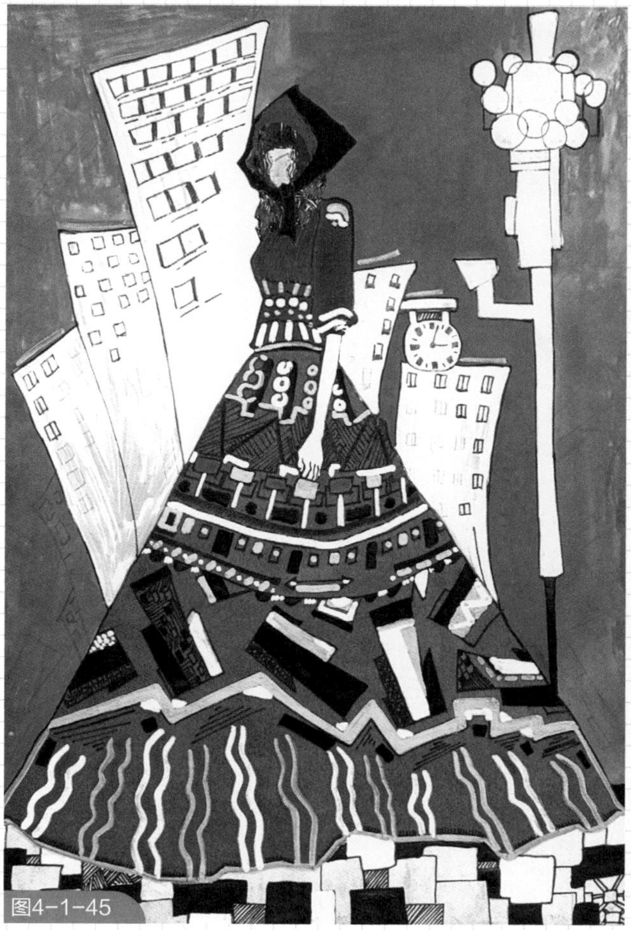
图4-1-45

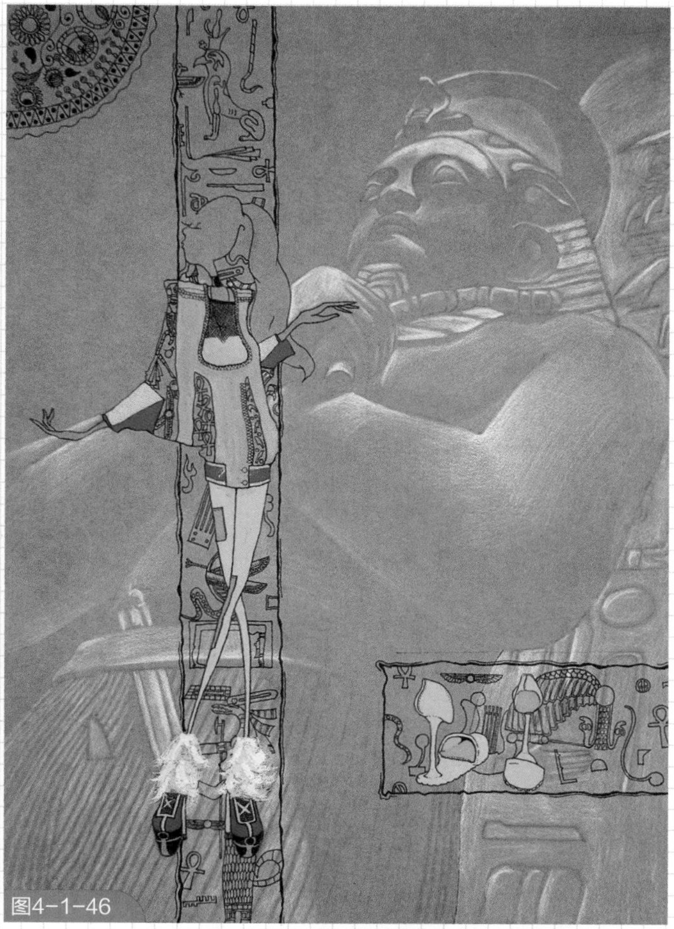
图4-1-46

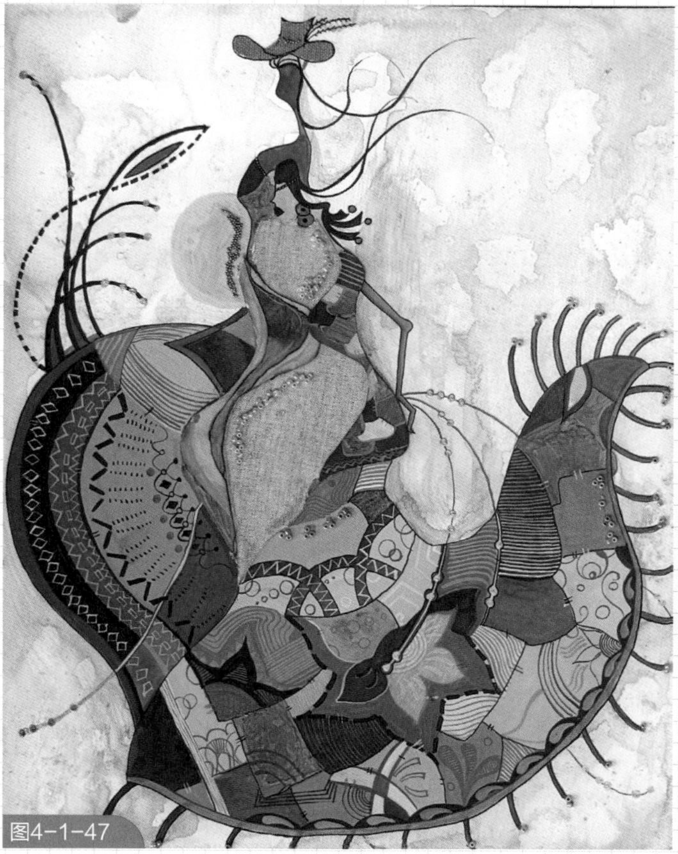
图4-1-47

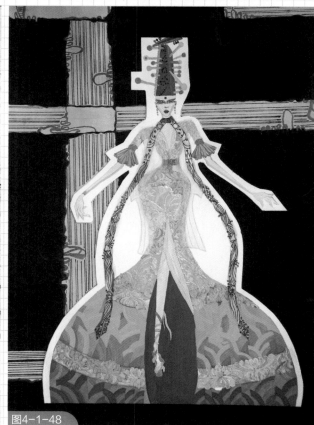

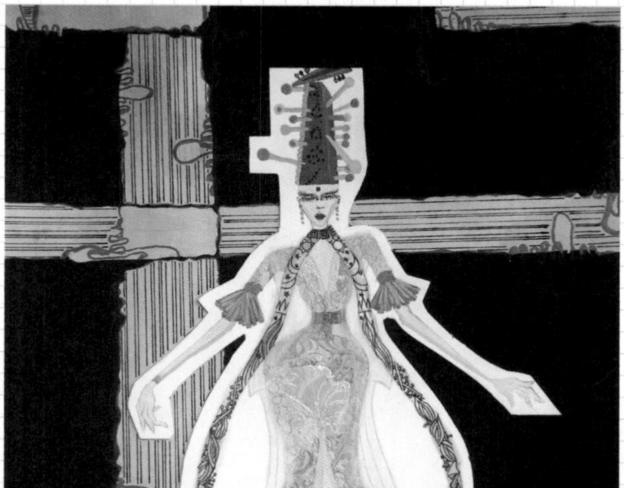
图4-1-48

图4-1-49

图4-1-50

图4-1-51

图4-1-52

图4-1-53

图4-1-54

图4-1-55

图4-1-56

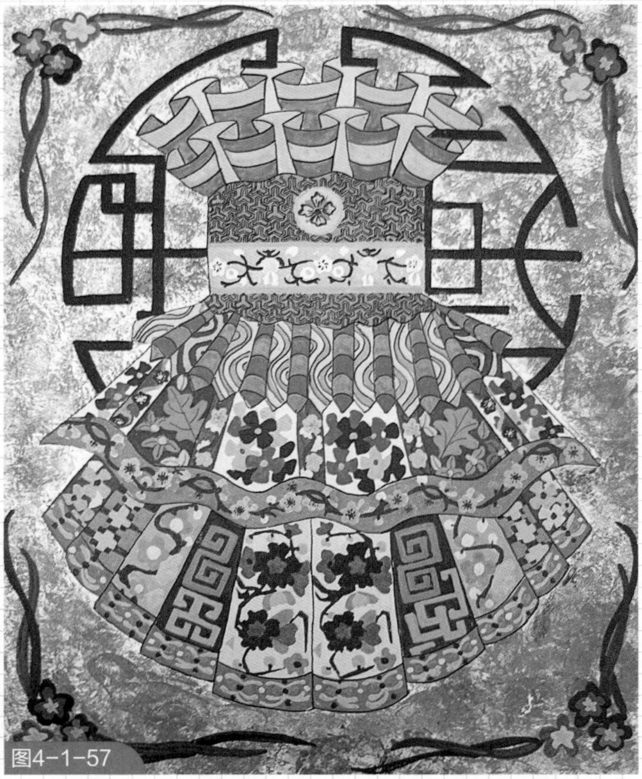

图4-1-57

图4-1-58

图4-1-59

第二节 品牌作品部分

一、写实风格

图4-2-1

图4-2-2

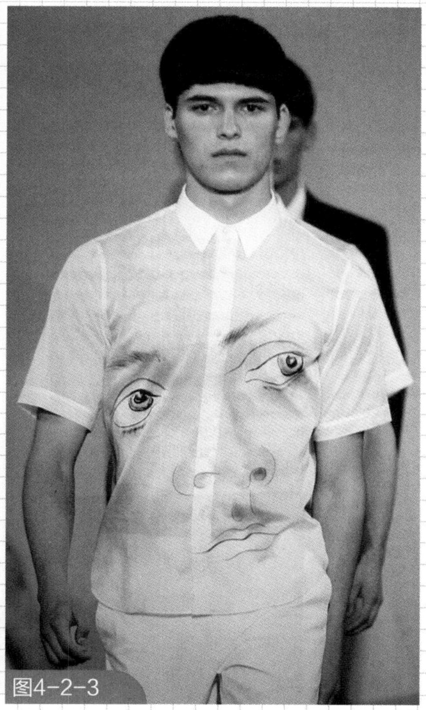
图4-2-3

图4-2-4

图4-2-5

图4-2-6

图4-2-7

图4-2-8

图4-2-9

二、抽象风格

图4-2-10

图4-2-11

图4-2-12

图4-2-13

图4-2-14

图4-2-15

图4-2-16

图4-2-17

三、工艺风格

图4-2-18

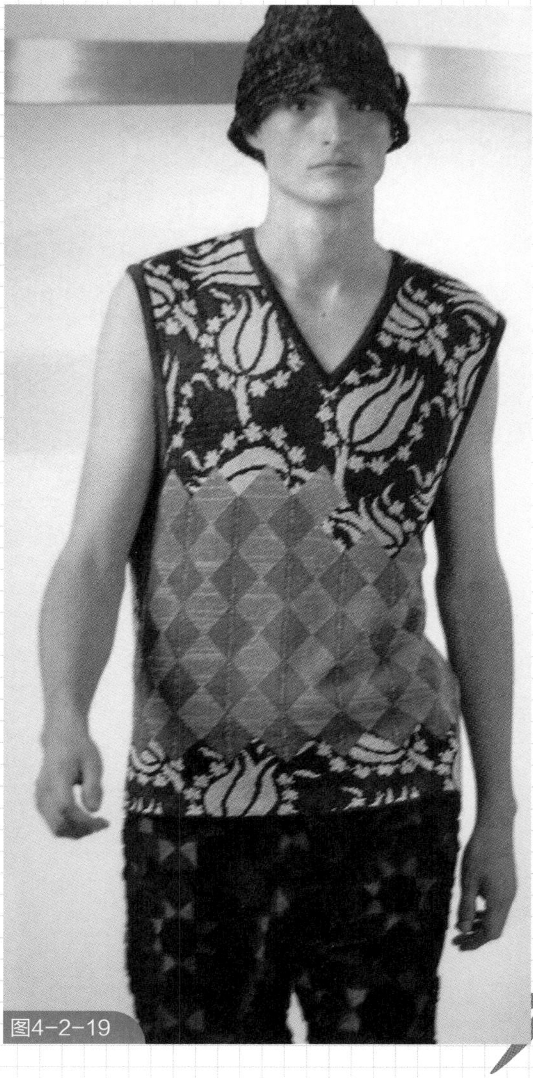
图4-2-19

图4-2-20

图4-2-21

图4-2-22

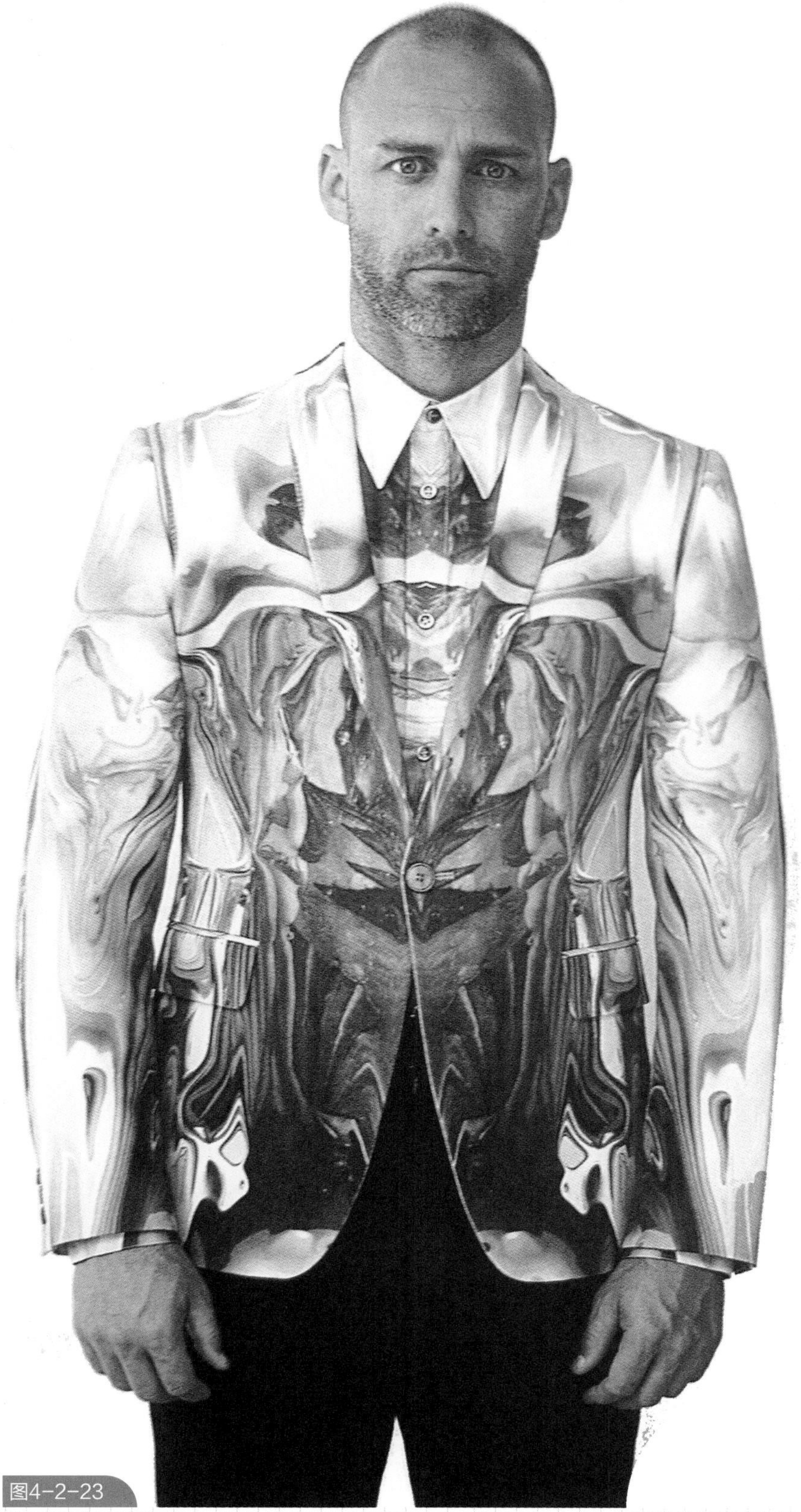
图4-2-23

图4-2-24

图4-2-25

图4-2-26

图4-2-27

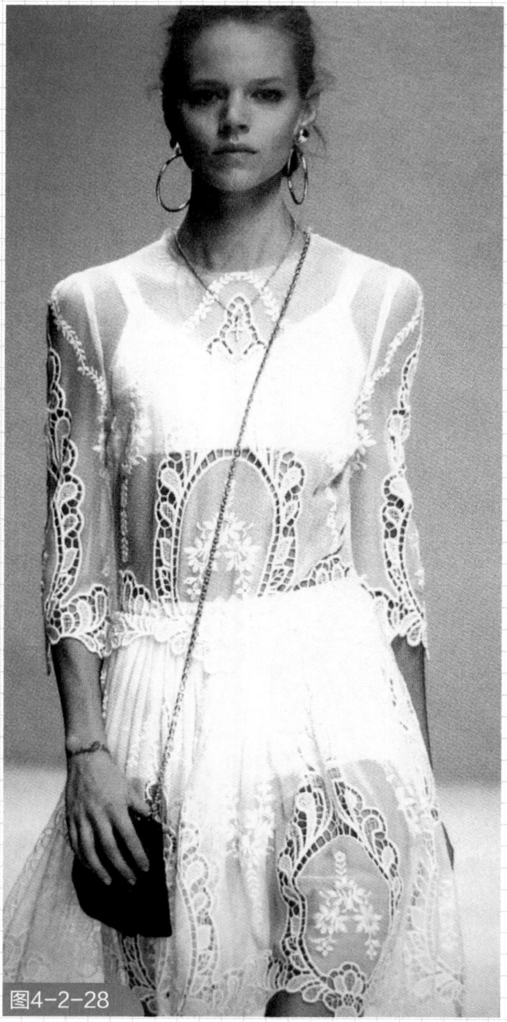
图4-2-28

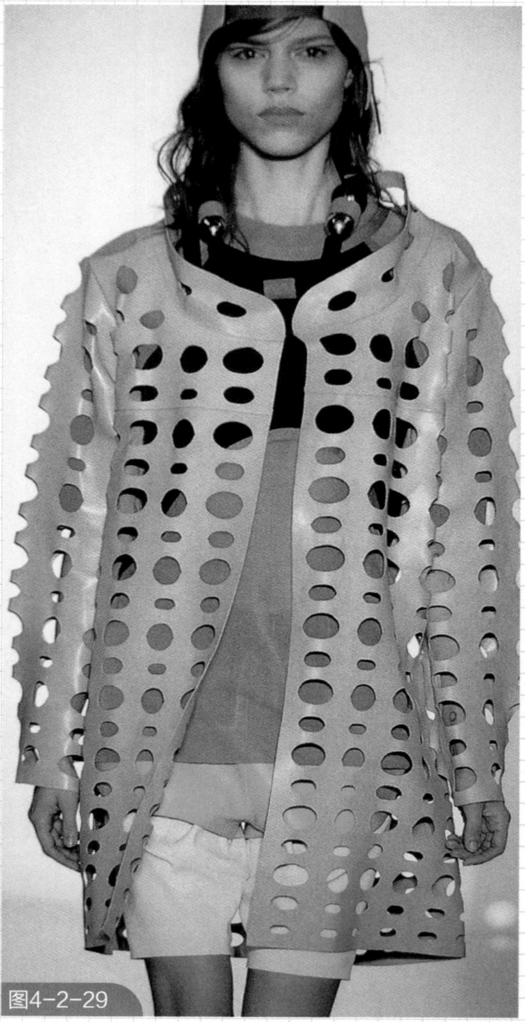
图4-2-29

图4-2-30

图4-2-31

四、民族风格

图4-2-32

图4-2-33

图4-2-34

图4-2-35

图4-2-37

Rob
Cay
Innocenti evas
che portano
nuovo respiro n
concezione
femmin
della gr
Roma
图4-2-36

图4-2-38

五、后现代风格

图4-2-39

图4-2-40

图4-2-41

图4-2-42

图4-2-43

图4-2-44

图4-2-45

图4-2-46

图4-2-47

图4-2-48

图4-2-49

图4-2-50

图4-2-51

后记

POSTSCRIPT

经过多年的酝酿，终于完成了一本自己还算满意的书。在此衷心感谢为我提供了极大帮助的鲁迅美术学院大连校区国际服装学院慧淑琴教授；鲁迅美术学院染服系王庆珍教授，任绘教授；鲁迅美术学院大连校区满懿教授；沈阳师范大学服装教学部吴桂萍副教授，李川老师；航空航天大学王鸣教授；南通大学方家蕾教授；陕西美术学院宋清教授；广州美术学院张振江副教授；延吉艺术大学黄哲雄副教授；大连大学曹月峰老师；艾温蒂芬品牌设计总监康佳宁女士以及鲁迅美术学院染服系历届学生。

特别声明：由于此书成文的时间长，参考书目多等原因，个别引用资料和学生原品无法查明出处，请作者看到与我们联系。

参考文献

1. 刘蓬，尹青骊. 形象设计表现技法. 北京：中国轻工业出版社，2012
2. 杨树彬，晓琳. 服饰图案与设计. 哈尔滨：黑龙江教育出版社，1996
3. 王耀，朱红. 今日国际时装插图艺术. 南京：江苏美术出版社，1991
4. 陶如让，刘丽. 中国民族图案艺术. 吉林：吉林科学技术出版社，1990
5. 邹二华，刘元. 西方服饰大全. 广西：漓江出版社，1992
6. 李明，胡讯. 现代服装设计表现图技法. 长沙：湖南美术出版社，1996
7. 满懿. “旗”装“奕”服. 北京：人民美术出版社，2013
8. 马高骧，王兴竹. 现代图案教学. 长沙：湖南美术出版社，1998
9. 徐雯. 服饰图案. 北京：中国轻工业出版社，2001
10. 王鸣. 服装图案设计. 沈阳：辽宁科技出版社，2005
11. 雷圭元. 中外图案装饰风格. 北京：人民美术出版社，1985
12. VOGUE 时尚网-《VOGUE 服饰与美容》杂志官方网站